JN091583

100円ショップガジェット
解体新書

「人感センサLED」「ワイヤレスマウス」…いろいろ分解してみた!

はじめに

　本書を手に取っていただき、ありがとうございます。

　おかげさまで「100円ショップのガジェット分解」シリーズも4冊目となりました。

　最近は円安の影響が身の回りにもだんだん出てきて、「100円ショップ」と呼ばれるお店でも「100円均一」ではない商品が増えてました。

　特にガジェット（電子機器）は300〜500円という価格帯がメインになりつつあるように感じますが、それでも面白そうな商品はどんどん登場しています。

　本書では「アルコールディスペンサー」「アルコールチェッカー」といった新しいジャンルの商品も分解しています。
　「ワイヤレスイヤホン」のように、従来と同じような外観でも、改めて分解してみると「コストダウンのポイント」が分かったりします。

＊

　本書を読んで興味をもったら、ぜひ近所の100円ショップを覗いて、面白そうな「ガジェット」を探してみてください。

　商品の入れ替りの激しい「100円ショップ」の商品は、見つけた時が買い時です。
　気になったら「分解用」「動作確認用」に2個買って、中身を確認してみてください。

　個人でも購入できる数千円の計測器でも解析できることはたくさんあります。
　プリント基板上のICやトランジスタを検索して確認するだけでも毎回新しい発見があります。

　頑張って回路図を起こして動作する仕組みを推測してみることは、将来「自分ブランドのハードウエア」を設計することになったときに、きっと役に立つはずです。

＊

　最後になりますが、本作を購入いただいた読者の皆様、そして本書を制作するにあたりお世話になった関係者の方に感謝いたします。
　どうもありがとうございます。

ThousanDIY

100円ショップガジェット 解体新書

「人感センサLED」「ワイヤレスマウス」…いろいろ分解してみた！

CONTENTS

第 1 章

家電のガジェット

ここでは、「人感・明暗センサ付LED電球」や「ア
ルコールディスペンサ」「アルコールチェッカー」など、
今の時代ならではの家電を分解してみます。

<table>
<tr><td>**1-1**</td><td>**人感・明暗センサ付LED電球**</td></tr>
</table>

　一般的なE26型口金に取り付けられるLED電球の「人感センサ内蔵タイプ」がダイソーから500円（税別）で発売されました。

　今回はこれを分解してみます。

■パッケージと本体の外観

　「人感・明暗センサ付LED電球」は他社からは1000〜1500円程度（2022年1月時点）なので、かなり安い価格設定になっています。

　ブランドはダイソー、LED電球のコーナーには40W相当と60W相当の2種類があったので、今回は「40W相当」の物を選びました。

箱の写真では先端中央に明暗と人感の2個のセンサがついています。

店頭展示の様子

●パッケージ

　箱の裏面には商品の仕様、側面には「取り付け可能な器具」と「センサの感知範囲」が記載されています。

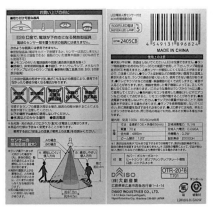

パッケージの表示

　箱には取扱説明書（40W/60W共用）も同梱されています。

製品仕様によると定格消費電力は5.1W、設計寿命は20000H（常時点灯で2年強）となっています。

	40W形 昼白色	60W形 昼白色
品　番	LDR5N-H-S40W	LDR8N-H-S60W
寸　法	全長約106×外径63(mm)	全長約106×外径63(mm)
質　量	72g	72g
全光束	485lm	810lm
ビーム開き	120°	120°
定格消費電力	5.1W	8W
定格入力電流	0.096A	0.154A
待機電力	0.2W	0.2W
設計寿命	20000H	20000H

取扱説明書の製品仕様

●本体の外観

本体上面の真ん中には人感センサ、その横に明暗センサが配置されています。

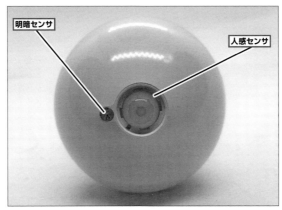

本体上面

電気用品安全法（PSE）のマークは本体の口金付近に表示されています。
電球は特定電気用品対象外なので、○で囲んだマークです。

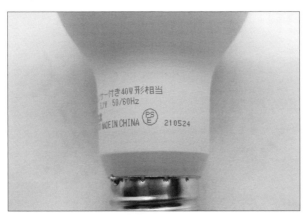

本体のPSEマーク

■本体の分解

●本体の開封

　本体は「発光部分を覆うポリカーボネートのカバー」「放熱用ヒートシンク」と「口金」で構成されています。

　ヒートシンクとカバーは接着剤で固定されているので隙間を超音波カッターで切断して開封します。
　カバーを外すと、ヒートシンクに2か所のビスで固定されたLED基板があります。

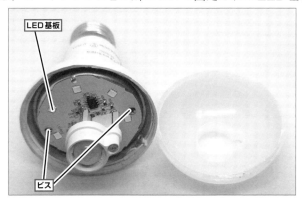

ポリカーボネートのカバーを外す

　2種類のセンサはカバーの外側から見えるように樹脂の成形品で位置が固定され、センサのリード足をLED基板に差し込んで裏面でハンダ付けされています。

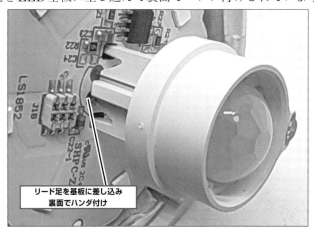

センサの足とLED基板の接続部分

●LED基板の取り外し

　LED基板を、固定しているビスを外して、ヒートシンクから外します。

　LED基板とヒートシンクの間には、LEDの発熱を逃がすために白いシリコングリス
が塗られています。

　ヒートシンクの内側には電源基板があります。

　LED基板と電源基板はコネクタ接続なので、簡単に分離することができます。

LED基板をヒートシンクから外す

　LED基板に取り付けられた樹脂の成形品を外すために、明暗センサと人感センサの
足のハンダを除去します。

　ハンダを除去する作業をやりやすくするため、「基板固定台」を使いました。

　今回使ったのは、鉄製のベースプレートに側面に溝があるマグネットピンをつけて基
板を固定するタイプです。

　これによって、基板の裏面(ハンダ面)も水平になり、作業が非常にやりやすくなり
ました。

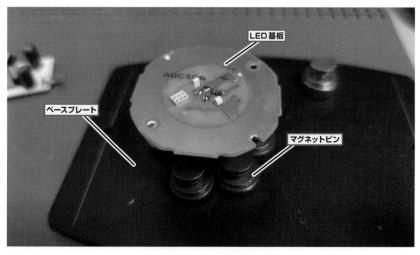

基板固定台でLED基板を固定

次の写真はLED基板からセンサを取り外した状態です。

2個のセンサはリード足が長い状態で樹脂の成型品に取り付けられていて、成形品を基板上の穴にはめて、固定すると基板裏面に足が出るような構造になっています。

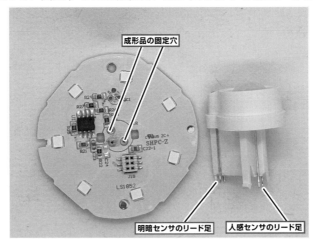

LED基板からセンサを取り外した状態

●電源基板の取り外し

電源基板は口金とハンダ付けされているので、口金とヒートシンクの間を超音波カッターで切って、口金についた状態で電源基板を取り出します。

電源基板をヒートシンクから取り出す

■回路構成

●LED基板

LED基板はガラスコンポジット(CEM-3)の両面基板です。
主な面実装部品は7個のLED(2.8mm x 3.5mm)とセンサコントローラです。

人感センサと明暗センサは、スルーホールにリードを挿入して裏面からハンダ付けされています。
LED基板の裏面にはレジストの印刷はなく、銅のパターンがむき出しになっていて、LEDの裏側にはヒートシンクと接するための広い放熱用パターンがあります。
電源基板用のコネクタ(ピンソケット)は基板に穴をあけて、裏面から接続できるようになっています。

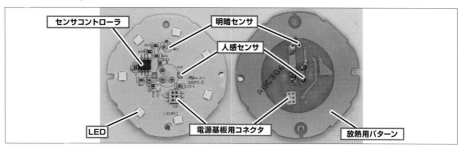

LED基板

●電源基板

電源基板は紙エポキシの片面基板です。
裏面(パターン面)の主な実装部品は「ブリッジダイオード」「LEDドライバ」「5.1Vのツェナーダイオード」「LDOレギュレータ」です。

写真左の黒いチューブの下には過電流保護用抵抗(0.47Ω)がついています。
写真右端にはLED基板用コネクタ(ピンヘッダ)が実装されています。

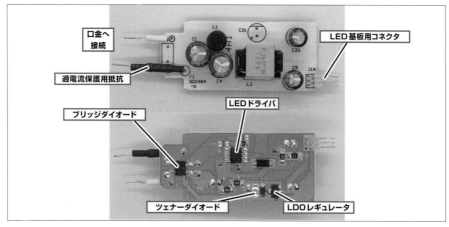

電源基板

●回路構成

基板パターンから、回路図を作りました。

AC入力からブリッジダイオード(BD1)で全波整流された電源を使い、電源基板の LEDドライバ(U1:BP2886)が7個のLEDを駆動します。

同じ電源からツェナーダイオード(L13)で5.1Vに降圧した後に、LDO(Low Dropout)レギュレータ(U3:L4JBDLX)で3.3Vを生成します。

これはLED基板のセンサコントローラ(U1:LIS1002)と各センサの電源に接続されます。

センサコントローラには人感センサ(PIR)と明暗センサ(QC1)が接続され、それぞれの検出値に応じてPWM信号を出力します。

このPWM信号が電源基板のLEDドライバのPWM端子に入力され、LEDの明るさをコントロールしています。

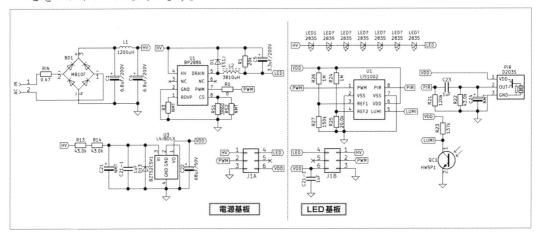

回路図

■主要部品の仕様

次に、本製品の主要部品について調べていきます。

●人感センサ: PIR D203S

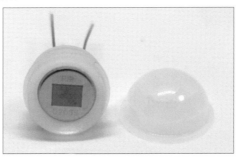

人感センサ

「人感センサ」は樹脂キャップで覆われた「PIR（Passive Infrared Ray）センサ」です。
本機で使われている3端子のタイプは「D203S」という型番です。
複数の会社で製造されていてAliexpressでは5個200円程度で販売されています。

　データシートは複数メーカーで同じものが使いまわされており、代表的なもの（会社名が検索しても存在しない「PIR SENSOR CO., LTD」）が以下より入手できます。

https://bit.ly/3grM1zA

●明暗センサ : フォトレジスタ HW5P1

明暗センサ

「明暗センサ」にはフォトレジスタが使用されています。
　これも複数の会社で製造されていてAliexpressでは20個200円程度で販売されています。

　データシートは「深圳市海王传感器有限公司」（Shenzhen Heiwang Sensor Co.,ltd., http://www.szhaiwang.cn/）の「HW5P-1」という型番のものが以下から入手できます。

https://bit.ly/2Xnx6xE

　以下の写真は、フォトレジスタのチップ部分の拡大写真です。
　リード線の上に実装されたチップからボンディングワイヤで反対側のリード線に接続されているのが確認できます。

チップ部分の拡大写真

●LEDドライバ BP2886

LEDドライバ

　LEDドライバは上海晶丰明源半导体股份有限公司（Bright Power Semiconductor Co., Ltd., http://www.bpsemi.com/cn/）の「BP2886」です。

　このICは外部からのPWM入力で調光できる非絶縁型（ACラインと分離しない）ステップダウンLED定電流駆動ICです。
　データシートは以下から入手できます。

http://www.bpsemi.com/cn/product_result.php?id=613

●センサコントローラ LIS1002

センサコントローラ

　センサコントローラはLEDドライバと同じ上海晶丰明源半导体股份有限公司のPIRコントローラ「LIS1002」です。
　ただし、メーカーのサイトには情報はなく、データシートも見つかりませんでした。
　基板の結線からは、PIRとフォトレジスタの入力と、抵抗分割で入力された基準電圧を比較した結果に応じたPWM信号出力でBP2886のLED電流を制御していることが分かります。

●LDOレギュレータ L4JBDLX

LDOレギュレータ

　表面のマーキング(L4Jの文字およびびロゴ)をベースに検索をしたのですが、該当するものを発見することができませんでした。

　ピン配置が特殊ですが、回路構成から3.3VのLDOレギュレータと判断しました。

*

　LED基板は大手メーカー品でよく見る「アルミ基板」ではなく、ガラスコンポジット基板の両面パターンを使いセンサ回路を1枚に実装しています。

　アルミ基板と比べると放熱性能は劣りますが、コスト優先で割り切っているようです。

　機能のポイントになるPIRセンサ・明暗センサは定番のきちんとした部品を使用していました。

　本製品のLEDドライバとセンサコントローラは同じメーカー製でセンサ付LED向け「チップセット」となっていて、最小限の周辺部品で必要な機能と500円という価格を実現しているのも分かりました。

1-2　オートディスペンサー

　新型コロナの流行でいろいろなところで見かけるようになった、手をかざすと自動でアルコールを吹き出す「オートディスペンサー」がダイソーにも登場しました。
　今回はこれを分解します。

パッケージの外観

■パッケージと製品の外観

●パッケージの表示

　「オートディスペンサー」は下に手をかざすと赤外線センサが検知して、アルコールを自動で手に吹きかける「タッチフリー」動作が特徴です。

　価格は「1500円（税別）」と、ダイソーの商品としては高価格です。

パッケージ裏面の機能説明

　製造は中国、発売元は大阪の日用品雑貨卸業「（株）ミツキ」（http://www.mitsuki-ltd.jp/）です。

主な仕様

定格電圧:6V
使用電池:単3形乾電池3本(別売り)
タンク容量:300ml
噴射時間:2秒
噴射量:0.8ml/回
耐水レベル:IPX3(散水に対して保護)

※アルコールの含有が75%以下の消毒液を
　使用してください。

【材質】ABS樹脂・ポリプロピレン

発売元 株式会社ミツキ
〒590-0075
大阪府堺市堺区南花田口町2丁3番20号
三共堺東ビル2F
URL http://www.mitsuki-ltd.jp

MADE IN CHINA

4968988077352

製品発売元の表示

●同梱物と本体の外観

パッケージには本体と取扱説明書が同梱されています。

取扱説明書はおかしな表現もなくきちんとした日本語のものです。

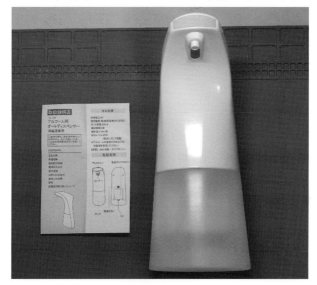

本体の外観と同梱物

　本体上部のアルコール噴射口の横には、オレンジのカバーで覆われた赤外線センサが
ついています。

アルコール噴射口と赤外線センサ

■本体の分解

本体は背面にある4か所のビスを外すことで開封できます。

背面4箇所のビス（○で囲んだ箇所）

本体の内部はアルコール噴出用の「ポンプ」、手をかざしたことを検出する「センサ基板」、これらを制御するためのマイコンを搭載した「制御基板」で構成されています。

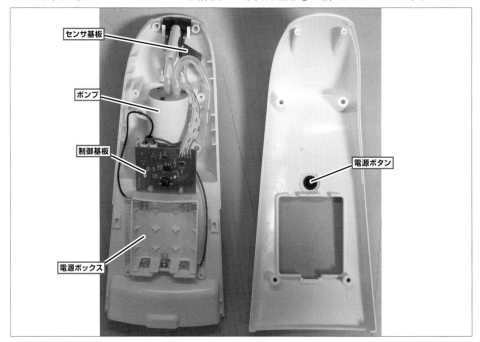

本体を開封した状態

制御基板は基板の穴とボスで位置決めをして、2箇所のビスで固定されています。

制御基板はビスで固定

　センサ基板は基板の穴とボスで位置決めをして、ポンプからアルコールを噴射する吐出パイプで上から押さえるかたちで固定されています。

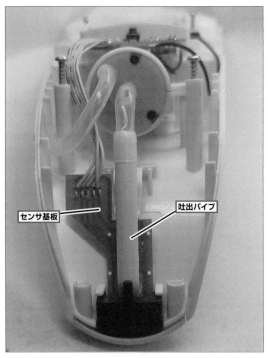

センサ基板｜　　　｜吐出パイプ

センサ基板は吐出パイプで押さえて固定

　ポンプは成形品とビスで固定されていて、アルコールの吸込用と吐出用の2本のチューブがポンプのノズルに接続されています。

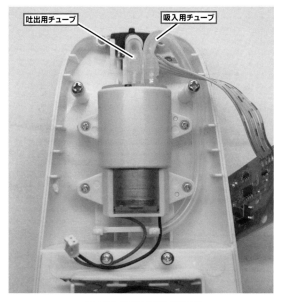

吐出用チューブ　吸入用チューブ

ポンプは成形品とビスで固定

■内部の部品構成

●ダイヤフラムポンプ

　ポンプは吸入と吐出のノズルが独立したDC駆動の「ダイヤフラムポンプ」です。
　Aliexpressで「Diaphragm pump」で検索すると同等と思われるものが、200円程度で販売されています。

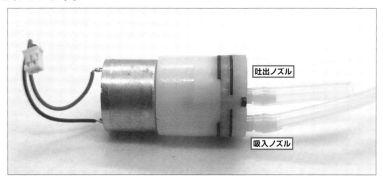

吐出ノズル

吸入ノズル

ダイヤフラムポンプ

●プリント基板

　プリント基板は2枚構成で、基板と基板の間は5線平行リード線で接続されています。
センサ基板と制御基板は、どちらもガラスコンポジット（CEM-3）の片面基板です。
平行リード線は基板に直接ハンダ付けされています。

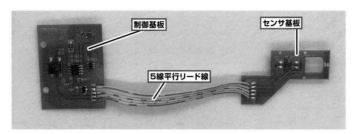

取り出したプリント基板

■プリント基板と主要部品の仕様

●センサ基板

センサ基板に実装されているのは、手がかざされたことを検出する赤外線センサである「フォトリフレクタ」と、動作状態を示す2個の「LED」です。

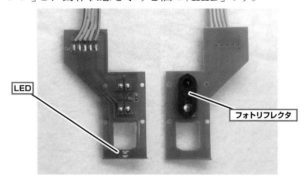

センサ基板

●制御基板

制御基板に実装されているのは、「電源スイッチ」と「マイコン」、ポンプを駆動する「モータードライバ」、フォトリフレクタの赤外線LEDを駆動する「トランジスタ」です。

電池ボックスとポンプのコネクタは、部品実装面の裏からハンダ付けされています。

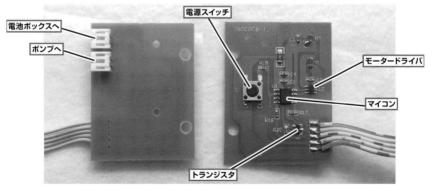

制御基板

■回路構成

基板パターンから回路図を作りました。

「フォトリフレクタ（反射型光電センサ）」(U10)は「赤外線LED」(1-2ピン)と「フォトトランジスタ」(3-4ピン)で構成されています。

「マイコン」(U1)の3ピンからPNPトランジスタ(Q1)経由で「赤外線LED」がドライブされ、出力した赤外線が物体(かざした手)で反射すると、「フォトトランジスタ」の出力電流が変化します。

この電流を抵抗(R17)で電圧に変えて「マイコン」(U1)の5ピンで検出しています。
「モータードライバ」(U2)はマイコンの制御ピン(6ピン、7ピン)の状態に応じて、ポンプを駆動します。
状態表示の2個のLED(LED1,LED2)はそれぞれのアノードとカソードが逆になるように接続されていて、赤・緑を切り替えています。

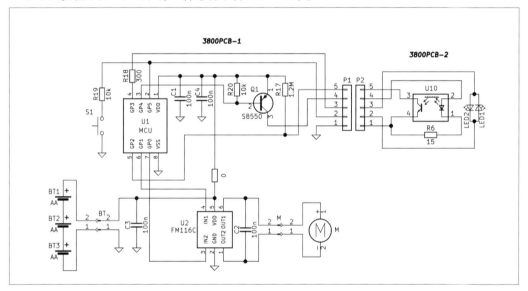

回路図

■主要部品の仕様

次に、本製品の主要部品について調べていきます。

●マイコン(U1) メーカー・型番不明(PIC12Cxxxピン互換)

マイコン

マイコンはパッケージの表面には何もマーキングがありません。

プリント基板からピン配置を確認したところ、1番ピンが電源(VDD)、8番ピンがGND(VSS)となっています。これは中国製の安価な電子機器でよく見かけるMicrochip社のPIC12Cxxx等の「PICマイコン」のピン互換マイコン(いわゆる「ジェネリックPIC」)です。

プリント基板より外してパッケージの裏面を確認したところ「RCRPH7」と「210784」の表示がありました。
こちらでも調べたのですが、メーカー及び型番は分かりませんでした。

この表示は、内部のソフトウエアの名称とバージョンもしくはシリアル番号(たとえば「21年第7週のバージョン8.4」)ではないかと推定できます。

パッケージ裏面のマーキング

●モータードライバ (U2) FM116C

モータードライバ

　モータードライバは、中国の富満微电子集団股份有限公司 (Fine Made Micro electronics Group Co.,Ltd. http://www.superchip.cn/) の「FM116C」です。
　データシートは以下より入手できます。

https://bit.ly/3uwI98b

　「FM116C」は電子部品通販サイトの「LCSC」(https://lcsc.com/) では US\$0.11 (日本円で約13円) で販売されています。

　「FM116C」のデータシートに記載されたブロック図を確認すると、モーター両端でPMOS/NMOS FET による「Hブリッジ回路」を構成する回路となっていて、ヒステリシス制御の熱保護機能 (TSD) を内蔵しています。

内部功能模块

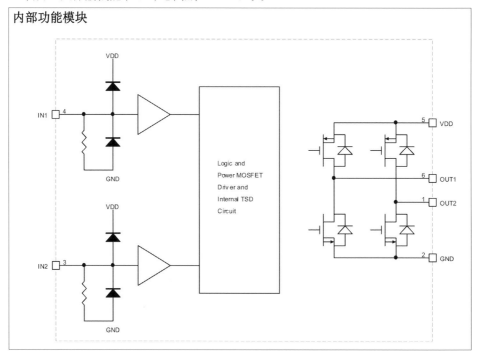

ブロック図 (FM116Cデータシートより)

●PNP トランジスタ (Q1) S8550

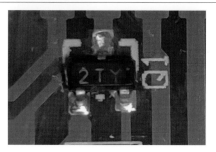

PNP トランジスタ

「2TY」のマーキングがついた部品はPNPトランジスタの「S8550」で、複数のメーカーが製造している汎用品です。

データシートは以下より入手できます。

https://bit.ly/3qFhOni

■ダイヤフラムポンプを分解する

ダイヤフラムポンプを分解して構造を確認してみます。

モーター部とポンプ部は、ノズル面の3本のビス外せば分離できます。

ポンプ部は「ダイヤフラム」「逆止弁」「ノズル」で構成されています。

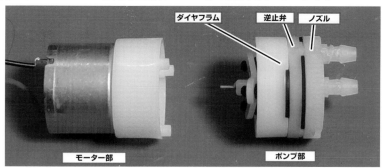

モーター部とポンプ部を分離

次の写真は「モーター部とダイヤフラムの接続面」です。

右側の「ダイヤフラム」(黒いゴム膜)に付いている成形品の中心にある金属の軸が、左側のモーターの中心軸からズレた位置の穴にはまることで、モーターが回転すると3個の「ダイヤフラム」が順番に上下します。

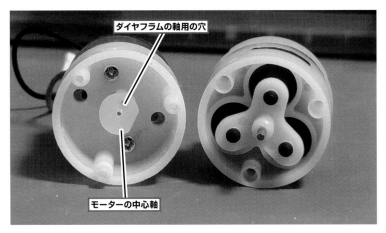

モーター部とダイヤフラムの接続面

　次の写真は「ダイヤフラムと逆止弁の接続面」です。
　ダイヤフラムが引っ張られると、アルコールが吸入弁から吸い込まれ、押されると吐出弁から押し出されます。

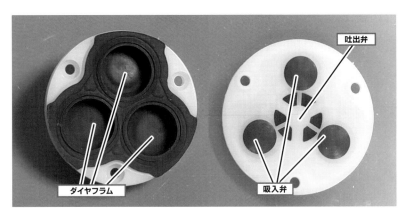

ダイヤフラムと逆止弁の接続面

　次の写真は、「逆止弁とノズルの接続面」です。
　吸入ノズルと吐出ノズルはゴムパッキンで分離されています。吸入ノズルは3個の吸入弁につながっており、モーターが回転すると吸入ノズルから連続的にアルコールを吸い上げて、吐出ノズルから吐き出します。

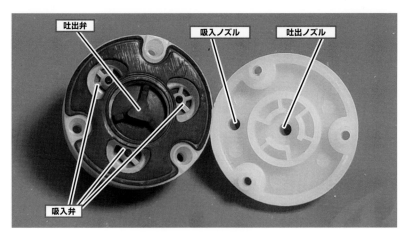

逆止弁とノズルの接続面

*

　新型コロナウイルスの感染拡大から約2年、アルコール用の「オートディスペンサー」
はいろいろな場所で見かけるようになりました。

　本製品の発売元は大阪の日用品雑貨卸業「株式会社ミツキ」(http://www.mitsuki-
ltd.jp/)です。会社情報によると、2016年創業で国内・韓国・中国・タイ・他から商品
を調達し、100円ショップを中心に卸しているようです。

*

　実際に分解してみたら、アルコール噴出の機構には、きちんとした部品(DCで駆動
できる小型のダイヤフラムポンプ)が使われていることが確認できました。

　小型のダイヤフラムポンプは、通常のDCモーター制御と同じ回路で駆動できるので、
液体や気体を扱うような電子工作にも応用できそうです。

1-3　アルコールチェッカー

　ダイソーで息を吹き込んでアルコール濃度を測定する「アルコールチェッカー」が販売
されていました。
　さっそく購入して、分解してみます。

パッケージの外観

■ パッケージの表示

　「アルコールチェッカー」の価格は「700円（税別）」です。
　製造は中国、発売元は最近のダイソー商品で見かけるようになった大阪の「MAKER
(株)」です。

> MAKER株式会社 TEL:050-3733-6050
> （受付時間：平日10時〜17時）
> MADE IN CHINA / MTN22P10B059

パッケージ裏面の発売元表示

　同梱の取扱説明書によると、検査方式は「半導体ガスセンサ」、数秒間息を吹き込むと
LCD画面に呼気中のアルコール濃度（BrAC: Breath Alcohol Concentration）を表示
します。
　センサ寿命は1,000回で、使用回数が1,000回を超えると液晶画面に警告が表示され
ます。

商品仕様 / Product Specifications

本体サイズ	幅 約36×高さ 約95×奥行 約18mm
重量	約20g
動作温度範囲	約5～40℃
材質	ABS
電池	単4アルカリ電池×2本(別売)
付属品	取扱説明書、ストラップ
センサー寿命	1,000回
検査方式	半導体ガスセンサー
表示方式	液晶表示
測定範囲	0.00-0.95mg/l

※センサーの使用回数が1,000回以上になると「SENSOR」「OVER」と表示されます。

商品仕様(取扱説明書より)

電源ボタンを押すと、約15秒間の予熱ののちに測定が開始されます。

10秒間のカウントダウン中に3～5秒センサに向かって息を吹き込むと、測定結果が画面に表示されます。

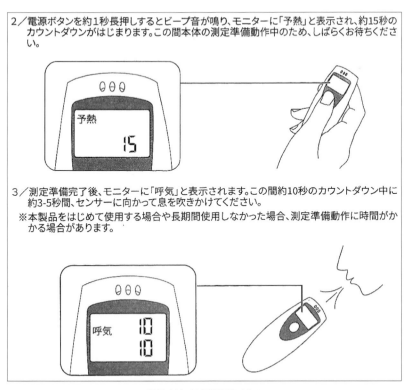

2／電源ボタンを約1秒長押しするとビープ音が鳴り、モニターに「予熱」と表示され、約15秒のカウントダウンがはじまります。この間本体の測定準備動作中のため、しばらくお待ちください。

予熱 15

3／測定準備完了後、モニターに「呼気」と表示されます。この間約10秒のカウントダウン中に約3-5秒間、センサーに向かって息を吹きかけてください。
※本製品をはじめて使用する場合や長期間使用しなかった場合、測定準備動作に時間がかかる場合があります。

呼気 10 10

操作方法(取扱説明書より)

■本体の外観

本体正面には「POWER」ボタンと液晶画面、背面には電池ボックスがあります。
本体上部に、息を吹き込むためのスリットがあります。

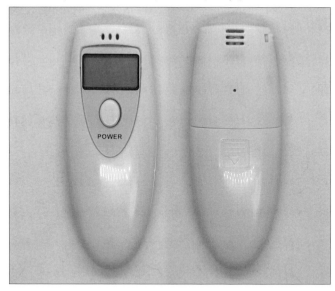

本体の外観

実際に息を吹き込んで測定してみた結果を以下に示します。
呼気中の水分で液晶画面が曇ってしまったのですが、アルコールはきちんと検知され
ました。

実際に測定してみた結果（左:飲酒前0.04mg/L、右:飲酒後 0.19mg/L）

■本体の分解

　背面の電池ボックスのふたを開けると、固定用のビスがあるので、これを外して本体を開封します。

　本体を開けると、制御基板とブザー用の「円盤型圧電素子」(ピエゾ素子)があります。

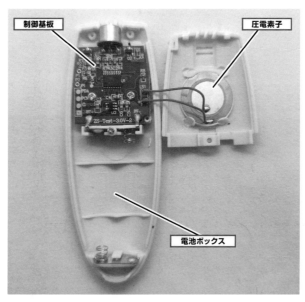

制御基板　　圧電素子　　電池ボックス

開封した本体

　制御基板を固定しているビスを外すと、制御基板の下に液晶パネルがあります。

　液晶パネルはセグメント液晶、制御基板と液晶パネルの接続は垂直方向にのみ導電する「異方性導電ゴム」を使用しています。

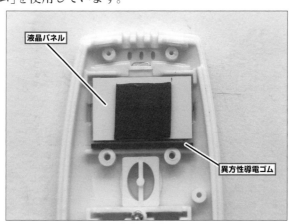

液晶パネル　　異方性導電ゴム

制御基板下の液晶パネル

■制御基板

制御基板に実装されているのは「半導体ガスセンサ」と「制御用マイコン」、乾電池から安定した電源(2.5V)を生成する「降圧型電圧レギュレータ(LDO)」に「POWERスイッチ」です。

電池用電極は、基板に直接ハンダ付けされています。

液晶パネルとの接続は、基板パターンによる「液晶用電極」と液晶パネルに付けられた「異方性導電ゴム」が接触することで行なっています。

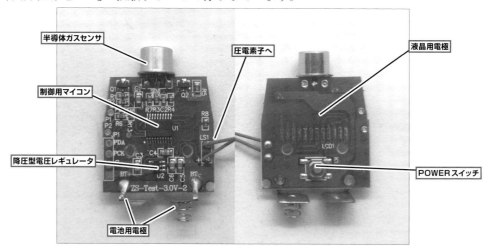

制御基板

■回路構成

基板パターンから回路図を作成しました。

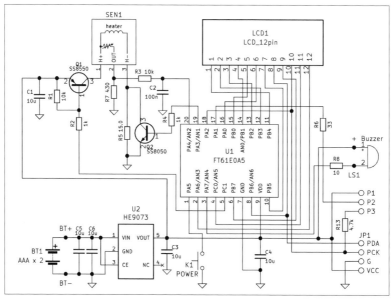

回路図

単4乾電池2本から「降圧型電圧レギュレータ(U2)」で各回路の電源の2.5Vを生成しています。

「制御用マイコン(U1)」は2Pinに接続された「POWERスイッチ(K1)」が押されたのを検出すると「半導体ガスセンサ(SEN1)」のヒーターにつながれた2個の「トランジスタ(Q1,Q2)」をONにして予熱を開始します。

予熱が完了するとマイコンは「SEN1の内部抵抗」と外部の「抵抗(R7)」で分割された電圧を20PinのADコンバータ(AN2)で読み、呼気中のアルコール濃度を計算し「液晶パネル(LCD1)」に表示します。

各操作音やアルコール濃度が基準値(0.25mg/L)を超えたときの警告音は、圧電素子(Buzzer)に接続されたマイコンの3Pinの出力を変化させることで鳴らします。

基板上にはテスト用の端子と思われるものもあり、そのうちのPDAとPCKはマイコンのI2C端子に接続されています。

■主要部品の仕様

● 半導体ガスセンサ(SEN1) MQ303B

半導体ガスセンサ

導体ガスセンサは、郑州炜盛电子科技有限公司(https://www.winsensor.com/)の半導体アルコールセンサ「MQ303B」です。

データシートは、以下から入手できます。

```
https://cdn.myxypt.com/26ecc11e/22/05/4fd4fc16236a9e4825610c30b7ea2ea
b37e5e642.pdf
```

内部の半導体素子表面に吸着した酸素量によって、電気抵抗値が変化する特性を利用したセンサです。

内蔵のヒーターで加熱した状態で呼気を吹きかけると、呼気のアルコール成分に反応して吸着酸素が減少し電気抵抗値が低くなります。

電気抵抗値が低いほど体内のアルコール濃度が高いと判定されます。

● マイコン(U1) FT61E0A5

マイコン

マイコンは「輝芒微电子(深圳)股份有限公司」(Fremont Micro Devices, https://www.fremontmicro.com/)の8bit RISCマイコン「FT61E0A5」です。

データシートは、以下から入手できます。

https://www.fremontmicro.com/product/mcu/ad/20220622/1860.aspx

　パッケージや内蔵する機能で複数のバリエーションがあり、本製品ではADコンバータ(アナログ-デジタル変換)内蔵のものを使っています。

　主な仕様は以下の通りです。
・動作電圧: 1.9〜5.5V
・動作周波数: 16MHz(RISC CPU)
・内蔵ADC:サンプルレート800kHz/分解能12ビット

● 降圧型電圧レギュレータ(U2) HE9073

降圧型電圧レギュレータ

　「AJ=2E」のマーキングがついた部品は、「赫尔微(深圳)半导体有限公司」(HEERCMICR Semiconductor, http://www.he-mic.com/)の降圧型電圧レギュレータ「HE9073」の2.5Vタイプです。

データシートは以下より入手できます。

https://datasheet.lcsc.com/lcsc/2008181810_HEERMICR-HE9073A18M5R_C723785.pdf

　定格出力電流は500mA(max)、最小入出力間電圧は100mV@100mAです。

● PNP トランジスタ (Q1) S8550

PNP トランジスタ

「Y2」のマーキングがついた部品は、PNP トランジスタ「S8550」です。

複数のメーカーが製造している汎用品で、データシートは以下より入手できます。

https://datasheet.lcsc.com/lcsc/2109141230_IDCHIP-SS8550_C2848042.pdf

● NPN トランジスタ (Q2) S8050

NPN トランジスタ

「Y1」のマーキングがついた部品は、NPN トランジスタの「S8050」です。

こちらも複数のメーカーが製造している汎用品で、データシートは以下より入手できます。

https://datasheet.lcsc.com/lcsc/2109141230_IDCHIP-SS8050_C2848041.pdf

■回路動作の確認

実際の回路の動作を、オシロスコープで確認しました。

以下の波形はパワーオンからのQ1(PNP)とQ2(NPN)のベース抵抗にかかる電圧です。

パワーオンでQ1がON(ベース電圧がL)になり、半導体ガスセンサ(SEN1)の「H+」に電源電圧(2.5V)が印加されます。

Q2はSEN1の「H-」側に接続されており、内蔵ヒーターのON-OFFを繰り返しています。

約17秒でON(ベース電圧がH)の期間の長さが変わり、予熱期間から測定期間に移行していることが分かります。

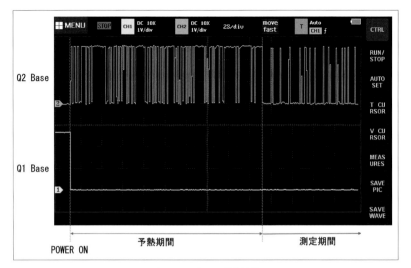

パワーオンからの動作波形

　上の波形では時間軸のサンプル周期の関係でQ2のベース波形が正確に測定できていないので、各期間で拡大してみました。

　予熱期間では、Q2のON期間の比率を大きくして、SEN1の内蔵ヒーターを急速に加熱して内部のセンサの温度を上げていきます。

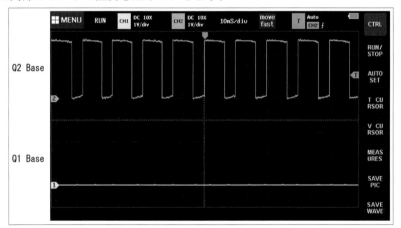

予熱期間の拡大波形

　測定期間では、Q2のON期間の比率を小さくして、内部のセンサの温度を維持しながら、呼気中のアルコール濃度をマイコンのADコンバータで測定しています。

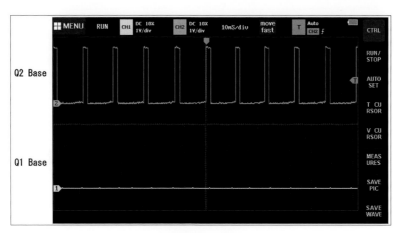

測定期間の拡大波形

＊

　100円ショップで入手できるセンサの種類が、また1つ増えました。

　手軽に入手できることで、分解して動作を調べることがやりやすくなり、実機を確認
しながら半導体ガスセンサの測定方法を調査・確認できたのは大きな収穫です。

＊

　実際に本機で呼気の測定をしてみましたが、息を吹きかける条件によっても値がかな
り変わりました。

　取扱説明書にも記載がありますが、測定結果はあくまでも目安の1つと考えるべきで
しょう。

第2章

音のガジェット

ここでは、「NearFA」という技術を使った「スマホ
スピーカー」と、2つの「無線イヤホン」を分解します。

2-1　スマホを置くだけのスピーカー

　ダイソーの新業態である「Standard Products」ブランドでスマートフォンの音を大きくする「スマホを置くだけのスピーカー」というものを見つけました。
　今回はこちらを分解してみます。

店頭展示の様子

■パッケージと製品仕様

　「スマホを置くだけのスピーカー」の価格は1000円(税別)、Bluetooth接続せずに本体にスマートフォンを置くだけで音を大きくすることができます。

　100円ショップでよく見かける「空洞で音を響かせるタイプ」ではなく、アンプで増幅してスピーカーへ出力するタイプで、パッケージの製品説明によると、スピーカー出力は最大3W、内蔵バッテリは400mAh、連続再生時間は約4時間です。

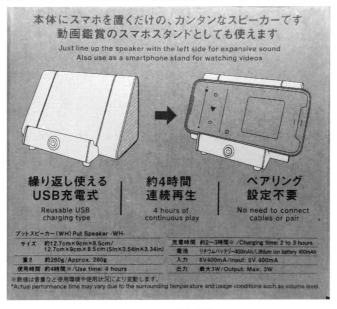

パッケージの製品説明

　技術的には「NearFA」(Near Field Audio)と呼ばれる、スマートフォンのスピーカーが発生する磁界を内蔵のコイルで拾って、アンプで増幅する「近距離音声通信」を使っています。

　音声出力はモノラル、実際に使用してみた感想は「携帯型AMラジオ」相当の音です。

　ちなみに、「NearFA」は2012年末に規格が発表され、2013年1月の米国CES(電子機器見本市)で実機デモがあったのですが、その後は規格の普及が進まず、公式ページ(http://nearfa.org/)も2022年5月時点ではすでになくなっています。

■本体の外観と同梱物

　パッケージの内容は本体と充電用ケーブル、取扱説明書です。

　本体はスマートフォンスタンドとなっていて、正面には電源スイッチがあります。

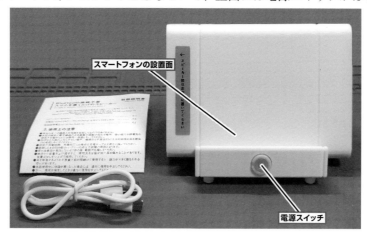

本体と同梱物

　取扱説明書によると、スマートフォンのスピーカー部分を左側の内蔵コイルの位置にあわせて置くことで音声を増幅できます。

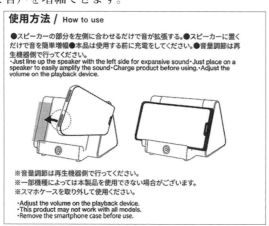

使用方法(取扱説明書より)

　背面には充電用コネクタ（MicroUSB）と主電源用のスライドスイッチ、3.5mmのオーディオジャックがあります。

　オーディオジャックは入力用でケーブルを直接つないで音声を再生することができます。

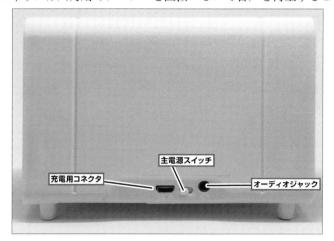

本体背面

　スピーカーは本体底面に1個だけです。

　四隅の足で浮かせる形になっていて、増幅した音は床で反射されて正面側に出力されます。

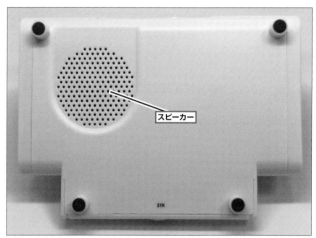

本体底面

■本体の分解

底面の足のクッションの下にあるビスを外して本体を開封します。

　内部は2枚の「プリント基板(メインボード・サブボード)」「リチウムポリマー(LiPo)バッテリ」「スピーカー」で構成されていて、スピーカーは黒いボックスで覆われています。

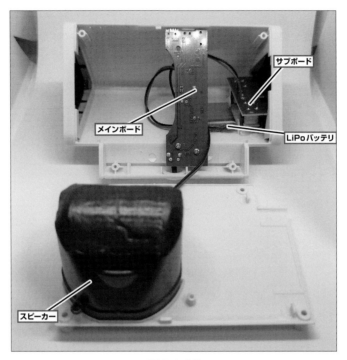

開封した本体

　サブボード上の2個のトランス(コイル)は、スマートフォンの設置面に接触する形でボンド固定されています。

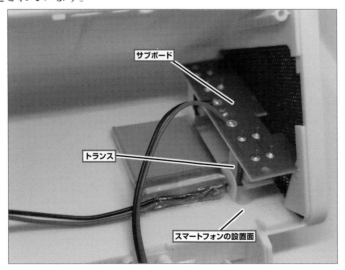

サブボードの取り付け部

本体の外装から各パーツを取り出して並べてみました。

すべてのパーツは「メインボード」を中心にリード線で接続されています。

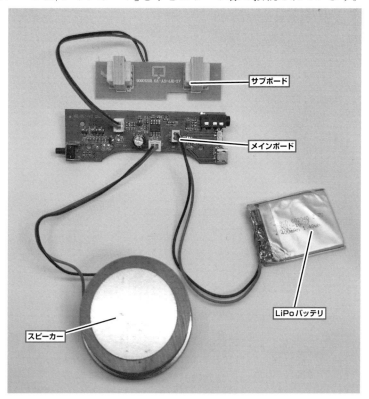

各パーツを取り出した状態

■主要部品の仕様

●メインボード

メインボードはガラスエポキシ(FR-4)の両面基板です。

基板上には型番「AZ-317-V3」と製造日「20210628」の表示があります。部品は片面にすべて実装されています。

「サブボード」「バッテリ」「スピーカー」との接続はコネクタで、誤接続を防ぐためか、バッテリ用のコネクタだけ赤色になっています。

配線パターン以外の部分はベタGND、電源パターンも十分太く全体的に余裕のある設計という印象です。

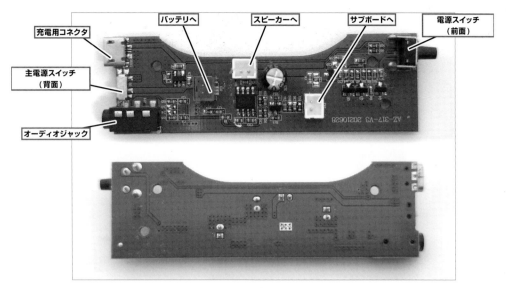

メインボード

●サブボード

サブボードはガラスコンポジット (CEM-3) の片面基板です。
基板上に型番「AZ-317-GY-V3」と製造日「20210606」の表示があります。

基板上には、スピーカーの磁界を拾うためのトランスが2個実装されています。

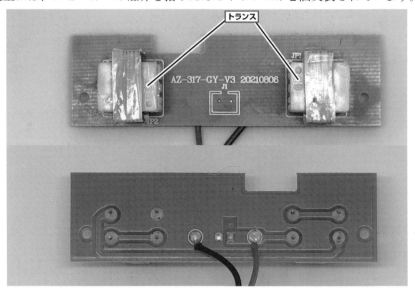

サブボード

●スピーカー

スピーカーは4Ω3Wの「外磁型」（マグネットが外側にあるタイプ）で、口径は5cmです。

スピーカー

●バッテリ

バッテリはリチウムポリマー(LiPo)充電池で、保護回路内蔵の容量400mAhのものです。

印刷されているサイズ表示は602040(W40xH20xD6mm)となっていますが、実測では403040(W40xH30xD4mm)でした。

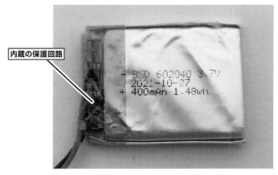

内蔵の保護回路

バッテリ

■回路構成

基板パターンより、回路図を作りました。

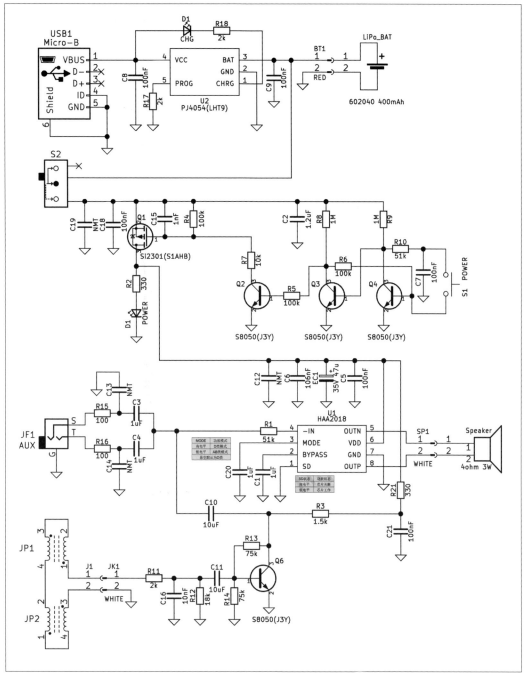

回路図

　U1はAB級/D級動作の切り替えが可能な汎用オーディオアンプで、本機ではD級動作で使用しています。

　U2はリチウムイオン電池用の充電制御ICです。

　スピーカーの磁界は直列接続されたトランス(JP1,JP2)で拾って、トランジスタ(Q6)で増幅されてオーディオアンプ(U1)に入力されています。

　プッシュ式の電源スイッチ(S1)のトグル動作(押すたびにON/OFFを切替)はトランジスタ・抵抗・コンデンサといったディスクリート部品で実現しています。
　本機は汎用部品のみで構成され、マイコンは使用されていません。

■主要部品の仕様

　次に、主要部品について調べていきます。

●オーディオアンプ(U1) HAA2018

オーディオアンプ

　オーディオアンプは「上海海栎創科技股份有限公司」(Shanghai Hynitron Technology Co., Ltd. http://www.hynitron.com/)のAB級/D級切り替え機能付の単チャンネルオーディオアンプ「HAA2018」です。
　データシートは、以下より入手できます。

https://datasheet.lcsc.com/lcsc/2201121330_Hynitron-HAA2018A-B-R_C2928138.pdf

　SD端子で「動作状態」(通常動作/シャットダウン)を、MODE端子で「動作モード」(AB級/D級)の切り替えができます。

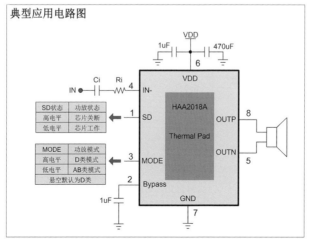

HA2018の応用回路例

●充電制御IC(U2) PJ4054

充電制御IC

　充電制御ICは「東莞平晶微电子科技有限公司」(Dongguan Pingjing Semi Technology Co.,ltd. http://www.pingjingsemi.com/)のリチウムイオン電池充電制御用IC「PJ4054」です。
　データシートは以下より入手できます。

http://www.pingjingsemi.com/UploadFile/pdf/PJ4054英文版.pdf

　PROG端子の外付け抵抗(Rprog)でリチウムイオン電池への充電電流を設定します。本機では充電電流500mA(2kΩ)で使用しています。

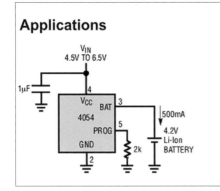

Rprog resistance and charging current Ibat corresponding table	
Rprog	**Ibat**
Ibat=1000/Rprog	
10K	100mA
5K	200mA
3.3K	300mA
2.5K	400mA
2K	500mA
1.65K	600mA

充電制御IC応用回路例

● P-Channel MOSFET(Q1) SI2301

P-Channel MOSFET

「A1SHB」のマーキングの部品は汎用品のP-Channel MOSFET「SI2301」で、同じ型番で複数の会社より販売されています。

データシートは、「深圳市富満电子集团股份有限公司」(Shenzhen Fine Made Electronics Group Co., Ltd. https://www.superchip.cn/)のものが以下より入手できます。

> https://datasheet.lcsc.com/lcsc/2202251730_Shenzhen-Fuman-Elec-SI2301_C337189.pdf

---

●NPNトランジスタ (Q2～Q4,Q6) S8050

NPNトランジスタ

「J3Y」のマーキングの部品は汎用品のNPNトランジスタ「S8050」で、これも同じ型番で複数の会社より販売されています。

データシートは、「江苏长晶科技股份有限公司(Jiangsu Changjiang Electronics Technology Co.,ltd https://www.jscj-elec.com/)のものが以下より入手できます。

> https://datasheet.lcsc.com/lcsc/1810010611_Changjiang-Electronics-Tech--CJ-S8050_C105433.pdf

*

過去に少し話題になったものの、すでに忘れ去られた感がある「NearFA」(Near Field Audio)対応のガジェットが、2022年になって新製品として発売されたのは興味深いです。

専用ICが流通し始めたのでは？と推測したのですが、分解してみたらディスクリート部品と汎用部品の組合せ構成されていました。

特に電源スイッチのトグル動作を実現している回路は設計の参考になりそうです。

*

基板に表示されている製造日をみても「過去製品の在庫の放出」というわけでもなさそうなので、どのような背景があるのかを調べてみるのも面白そうです。

2-2　　完全ワイヤレスイヤホン

　ダイソーの「完全ワイヤレスイヤホン」の新しいシリーズが2022年7月に発売されました。

　今回はこちらを分解してみます。

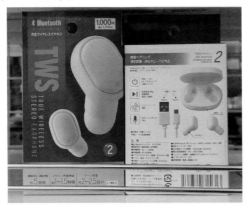

パッケージの外観

■パッケージの表示

　ダイソーの新シリーズの「完全ワイヤレスイヤホン」、価格は1000円（税別）のままで型番が「E-TWS-2」となりました。

　輸入販売元は100円ショップのガジェットで最近よく見かける「(株)ラティーノ」です。

　通信方式は「Bluetooth V5.0+EDR」、内蔵の電池容量はイヤホンが「30mAh」、付属の充電ケースが「200mAh」です。

　音楽の連続再生時間は「約5時間」、充電ケースでイヤホンを2〜2.5回充電できます。

　過去に分解した「TWS001」※より電池容量は減っていますが、連続再生時間は長くなっています。

パッケージ裏面には技適マークとPSEマークの表示があります。

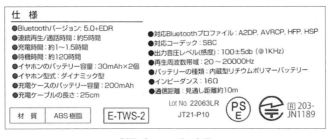

仕　様	
●Bluetoothバージョン: 5.0+EDR	●対応Bluetoothプロファイル：A2DP, AVRCP, HFP, HSP
●連続再生/通話時間：約5時間	●対応コーデック：SBC
●充電時間：約1〜1.5時間	●出力音圧レベル(感度)：100±5db（@1KHz）
●待機時間：約120時間	●再生周波数帯域：20 〜20000Hz
●イヤホンのバッテリー容量：30mAh×2個	●バッテリーの種類：内蔵型リチウムポリマーバッテリー
●イヤホン型式：ダイナミック型	●インピーダンス：16Ω
●充電ケースのバッテリー容量：200mAh	●通信距離：見通し距離約10m
●充電ケーブルの長さ：25cm	

材　質	ABS樹脂	E-TWS-2

Lot No. 22063LR
JT21-P10　PSE　Ⓡ 203-JN1189

製品パッケージの表示

※工学社　「100円ショップ」のガジェットを分解してみる！Part3に掲載

イヤホンの側面にあるボタン操作の組合せで複数の機能を操作することができます。

　音質は「TWS001」と比べて低音が弱めで、付属のイヤーピース（Sサイズ）だと少し厳しい感じです。
　実際に日常使いで使うには、別途自分の耳のサイズに合ったイヤーピースに変更するのがお勧めです。

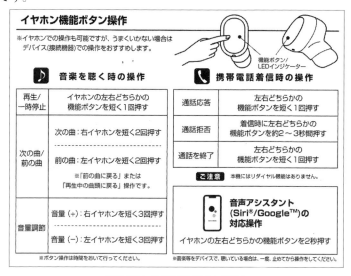

操作ボタンの機能（取説より抜粋）

■ 同梱物と本体の外観

　パッケージの内容は「イヤホン」（左右各1個）、「充電ケース」「USB-A〜Type-Cケーブル」「取扱い説明書」（日本語）です。
　また、充電ケースのコネクタは「USB Type-C」です。
　イヤホンの外装はプラスチック製、付属のイヤーピースはSサイズ1種類のみです。

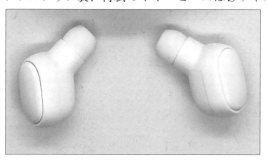

イヤホン

　充電ケースのコネクタは、TWSでは一般的な磁石で引きつけられてイヤホンと電極が接触する構造です。
　「技適マーク表示」は充電ケース裏面にあります。

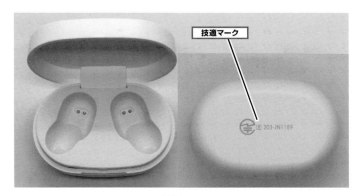

充電ケース

　充電ケースの背面には、充電用のUSB Type-Cコネクタと充電状態表示のLEDがあ
ります。

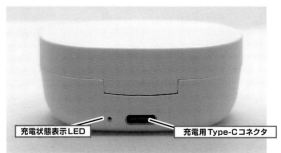

充電ケース背面

　付属の「USB-A～Type-Cケーブル」は、充電専用(GNDとVBUSのみの結線)です。

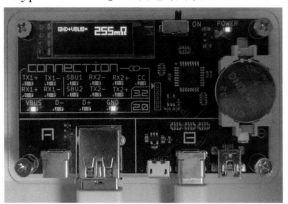

付属ケーブルの結線チェック結果

■イヤホンの分解

　イヤホンの外装はツメで固定されているので、隙間に精密ドライバなどを差し込んで開封します。

　内部は「メインボード」「LiPoバッテリ」「スピーカー」「充電電極基板」および「磁石」で構成されています。

　LiPoバッテリは、メインボードに両面テープで固定されています。

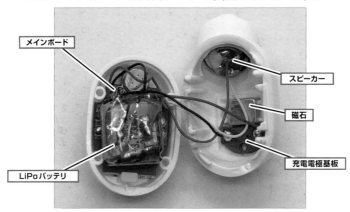

イヤホンを開封した状態

■イヤホンの主要部品

●LiPoバッテリ

　LiPoバッテリは401012サイズ（幅12 x 高10 x 厚4.0mm）で容量40mAhです。
　保護回路は内蔵しておらず、タブ（電極）にリード線を直接ハンダ付けして折り曲げ、黄色いポリイミドフィルムテープで固定しています。

LiPoバッテリ（イヤホン）

●メインボード

　メインボードはガラスエポキシ（FR-4）の4層基板、基板の型番「066-83D-V1.2」と製造日（2021-1-25）がシルクで印刷されています。

　表面には「メインプロセッサ」「コンデンサマイク」、裏面には「プッシュスイッチ」「水

晶発振子」「積層チップアンテナ」と「LED」(R/B)が実装されています。

基板上には、内蔵フラッシュメモリへの書込み用に使うテストランド(DP/DM)があります。

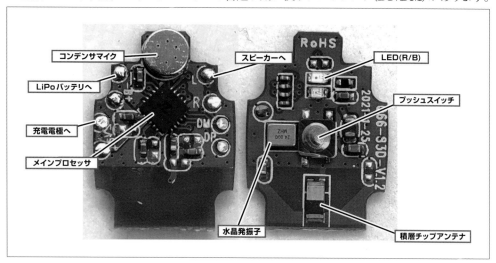

メインボード

■ イヤホンの回路構成

基板パターンからメインボードの回路図を作りました。

プリント基板上には回路番号の表示がないので、回路図では筆者が割り当てました。

メインプロセッサ(U1)には充電電源(5V)とLiPoバッテリ(B+/B-)が直接接続されており、充電制御はメインプロセッサで行なっています。

メインプロセッサの周辺部品はコンデンサとインダクタ(L2)及び水晶発振子(24MHz)のみです。

必要な電源のうちVDDIO、VCOMはプロセッサ内部で、Bluetooth用電源はSW出力(5pin)をL2とC6/C7で平滑して生成してBT_AVDD(8pin)へ入力しています。

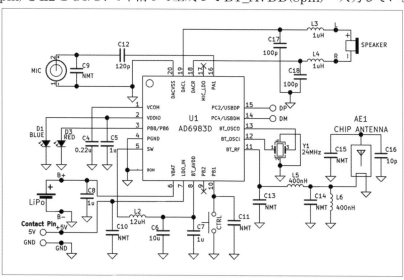

回路図(イヤホン)

■ イヤホンの主要部品

●メインプロセッサ AD6983D

メインプロセッサ

　メインプロセッサは「珠海市杰理科技股份有限公司」(ZhuHai JieLi Technology Co.,Ltd., http://www.zh-jieli.com/)の Bluetooth TWS用SoC「AD6983D」です。
　データシートは以下より入手できます。

http://www.lenzetech.com/public/store/pdf/jsggs/AD6983D Datasheet V1.0.pdf

　パッケージはQFN20ピン、データシートに記載されている主な仕様は以下の通りです。

・32bit CPU + DSP(最大160MHz動作)
・Bluetooth v5.1 準拠
・LDO + DC-DC コンバータ内蔵
・USB2.0 OTG(FS) コントローラ内蔵
・LiPo充電コントロール(VBAT:2.2-4.5V)
・省待機電力: Soft-off mode時2uA

　各ピンはプログラムの設定で機能を切り替えて割り当てることが可能です。
　IICやUARTといった周辺デバイスを接続できる機能もサポートしているので、汎用的なコントローラとしても使えます。

Table 1-1 AD6983D Pin Description

PIN NO.	Name	I/O Type	Drive (mA)	Function	Other Function
1	VCOM	P	/		DAC reference voltage
2	VDDIO	P	/		IO Power 3.3v
3	PB8	I/O	8	GPIO	UART0RXB: Uart0 Data Input(B); CAP4: Timer4 Capture;
3	PB6	I/O	8/24	GPIO	UART1RXA: Uart1 Data Input(A); PWM2: Timer2 PWM Output; ADC9: ADC Input Channel 9; Touch7: Touch Input Channel 7;
4	PGND	P	/		DCDC Ground
5	SW	P	/	DCDC output	DCDC switch output, connected to inductor
6	VBAT	P	/		Connect to battery
7	LDO_IN	P	/		Charge Power Input; UART0TXC: Uart0 Data Output(C); UART0RXC: Uart0 Data Input(C); PWM3: Timer3 PWM Output; CAP1: Timer1 Capture;
8	BT_AVDD	P	/		BT Power
9	PB2	I/O	8/24	GPIO	UART2RXC: Uart2 Data Input(C); CAP5: Timer5 Capture; ADC7: ADC Input Channel 7; LP_TH1: Low Power Touch Channel 1
10	PB1	I/O	8/24	GPIO (pull up)	Long Press Reset; UART2TXC: Uart2 Data Output(C) ADC6: ADC Input Channel 6; LP_TH0: Low Power Touch Channel 0
11	BT_RF	/	/		BT Antenna
12	BT_OSCI	I	/		BTOSC In
13	BT_OSCO	O	/		BTOSC Out
14	PC4	I/O	8/24	GPIO	UART2TXD: Uart2 Data Output(D); IIC_SCL_B: IIC SCL(B); ADC4: ADC Input Channel 4; PWM4: Timer4 PWM Output;
14	USBDM	I/O	4	USB Negative Data	UART1RXD: Uart1 Data Input(D); IIC_SDA_A: IIC SDA(A);
15	USBDP	I/O	4	USB Positive Data	ADC11: ADC Input Channel 11; UART1TXD: Uart1 Data Output(D); IIC_SCL_A: IIC SCL(A); ADC10: ADC Input Channel 10;
15	PC2	I/O	8/24		IIC_SCL_C: IIC SCL(C); UART0TXD: Uart0 Data Output(D); TMR1: Timer1 Clock Input;
16	PA1	I/O	8/24	GPIO	MIC0: MIC0 Input Channel ; PWM0: Timer0 PWM Output; UART1TXC: Uart1 Data Output(C);
17	MIC_LDO	P	/		MIC Power
18	DACR	O	/		DAC Right Channel
19	DACL	O	/		DAC Left Channel
20	DACVSS	P	/		Analog Ground

AD6983Dの各ピンの機能の説明（データシートより）

■充電ケースの分解

●充電ケースの開封

　充電ケースの外装もツメで固定されているので、隙間に精密ドライバ等を差し込んで開封します。

　内部は「充電ボード」「LiPoバッテリ」およびイヤホンを引きつけるための「磁石」で構成されています。

　LiPoバッテリは充電ボードに直接ハンダ付けされ、両面テープでケースに固定されています。

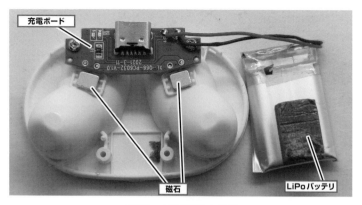

充電ケースを開封した状態

■充電ケースの主要部品

●LiPoバッテリ

　LiPoバッテリは、保護回路内蔵の502030サイズ（幅30 x 高20 x 厚5.0mm）で容量
は200mAhです。

LiPoバッテリ（充電ケース）

●充電ボード

　充電ボードはガラスエポキシ（FR-4）の両面基板、基板の型番「XL-Q66-PC6032-V1.0」
と製造日（2021-3-11）がシルクで印刷されています。
　表面には「充電制御IC」「インダクタ」「イヤホン充電用コンタクトピン」（ポゴピン）、
裏面には「USB Type-Cコネクタ」と「LED」（R/B）が実装されています。

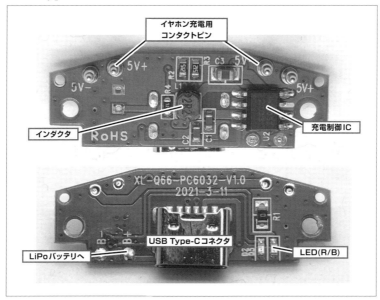

充電ボード

■充電ケースの回路構成

基板パターンから、充電ケースの回路図を作りました。

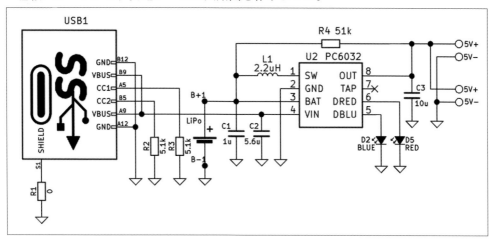

回路図（充電ケース）

　USB Type-C は充電専用で「電源」（VBUS）、「GND」と「CC(Configuration Channel) ライン」のみ接続。

　USBデバイスとして検出するためのCCラインのプルダウン抵抗はUSB規格通り5.1kΩが実装されています。

　充電制御IC(U2)はUSBからの電源(VBUS=5V)からのLiPoバッテリへの充電と、LiPoバッテリの電圧を5Vに昇圧し、「+/-端子」を経由してイヤホンへ充電（充電ケースから見たら放電）を行ないます。

　ケースの充電時は「D5」（RED）、放電時（イヤホンへの充電時）は「D2」（BLUE)のLEDが点灯します。

■ 充電ケースの主要部品

●充電制御IC PC6032

充電制御IC

　マーキングの「PC6032」を参考にWebで検索したのですが、情報は見つかりませんでした。

　プリント基板から起こしたピンアサインは、過去に分解した「TWS001」の充電制御IC(富満微電子集団股份有限公司「FM9688」)と同じでした。
　LiPoバッテリの容量も近いので同等の機能をもつ互換ICだと思われます。
「FM9688」のデータシートは以下より入手することができます。

https://pdf1.alldatasheetcn.com/datasheet-pdf/view/1144610/FUMAN/FM9688.html

SOP8L		引脚名	引脚号	功能说明
		SW	1	电感驱动脚，功率管漏端
		GND	2	芯片地
		BAT	3	电池正端检测脚
		VIN	4	电源引入引脚
		DBLU	5	放电状态指示灯输出端
		DRED	6	充电状态指示灯输出端
		TAP	7	按键引脚
		OUT	8	电流输出引脚/功率 P 管远端

PC6032のピンアサインはFM6988と同一(FM9688のデータシートより)

●充電専用USB Type C コネクタ

充電専用Type-C コネクタ

　USB Type-Cコネクタはリアイ充電専用の6ピンコネクタです。
　複数の会社から販売されている汎用品でデータシートは以下より入手できます。

https://akizukidenshi.com/download/ds/cui/ujc-hp-3-smt-tr.pdf

　コネクタの6本のピンには、USB PD充電での必要最低限の信号(VBUS・GND・CC1・CC2)のみが割り当てられています。

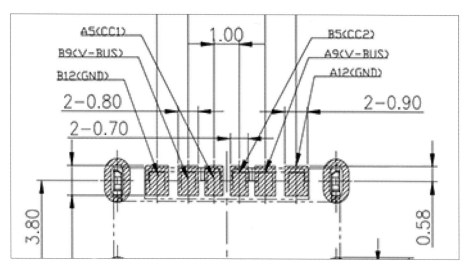

充電専用Type-Cコネクタのピンアサイン（データシートより）

■ Bluetooth接続情報の確認

　Bluetooth接続情報の確認には、今回もAndroid版の「Bluetooth Scanner」という
アプリを使って接続情報を確認しました。

　本製品は「BTTWSL2」という名前で検出され、プロファイルは「ヘッドセット」、サポー
トするコーデックは一般的な「SBC(SubBand Codec)」、プロトコルは「Classic(BR/
EDR)」で接続されています。
　ベンダーは「不明」となっていました。

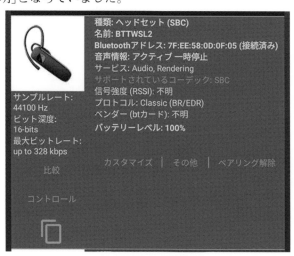

Bluetoothの接続情報

＊

　以前分解した「TWS001」からはBluetoothオーディオ用SoCが変更（TWS001は
Bluetrum社製）になっています。

プリント基板や外装の仕上がりを比較すると「コストダウンしている」という感じがします。

ただし、耳に装着するイヤホンの「LiPoバッテリ」は安全性を考えるとコストダウンせずに保護回路内蔵のものを採用して欲しかったという感想です。

*

本製品でも使用されているSoCの開発元である「珠海市杰理科技股份有限公司(ZhuHai JieLi Technology)」は中国製の低価格のBluetoothオーディオ機器で非常によく見かけるメーカーです。 今後も、この会社には注目していきたいと考えています。

2-3 タッチ対応の完全ワイヤレスイヤホン

ダイソーの「TWS」(True Wireless Stereo)の4代目として、「タッチ対応の完全ワイヤレスイヤホン」が登場しました。
今回はこの製品を分解します。

パッケージの外観

■パッケージの表示

ダイソーの「完全ワイヤレスイヤホン」の4代目は、価格が1000円(税別)のままでタッチ操作に対応しました。
ブランドはダイソーで「イヤホンシリーズ No.8988」となります。

パッケージ側面の仕様によると、通信方式は「Bluetooth V5.0」、バッテリ容量は、イヤホンは未記載、充電ケースは「300mAh」です。音楽の連続再生時間はイヤホンで3時間、充電ケース使用で9時間です。

「2-2 完全ワイヤレスイヤホン」で分解したラティーノ製「E-TWS-2」(以降「E-TWS-2」)よりバッテリ容量は大きいのですが、連続再生時間は短くなっています。

【 主 な 仕 様 】
通 信 方 式：Bluetooth 標準規格 Ver.5.0
出 力：Bluetooth 標準規格 PowerClass2
通 信 距 離：見通し距離約 10m
対応プロファイル：A2DP、AVRCP、HFP、HSP
対応コーデック：SBC
伝 送 帯 域：20Hz〜20,000Hz
電 池 持 続 時 間：連続再生時間 約 3 時間
充電ケース使用時：最大約 12 時間
（イヤホン 3 時間 + 充電ケース 9 時間）
連 続 待 ち 受 け：約 90 時間※使用条件により異なります。
充電ケースバッテリー容量：300mAh
バッテリーの種類：リチウムイオンポリマー
充 電 時 間：約 1 時間（イヤホン）

製品パッケージの表示

イヤホンのタッチ操作はボタンでの操作とほぼ同じです。

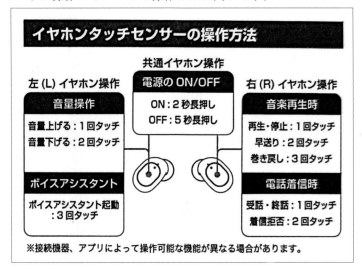

操作ボタンの機能（取説より抜粋）

音質は、初代の「TWS001」（2021 年 8 月号で分解）と近く低音が強め。

個人的には、付属のイヤーピース（M サイズ）でも屋外での散歩などの日常使いで使うぶんには使えるレベルである、という感想です。

■ 同梱物と本体の外観

パッケージの内容は「イヤホン（左右各 1 個）」「充電ケース」「取扱い説明書（日本語）」です。

充電ケースのコネクタは「USB Type-C」、充電ケーブルは付属していません。

イヤホンの外装はプラスチック製、付属のイヤーピースは1種類のみです。

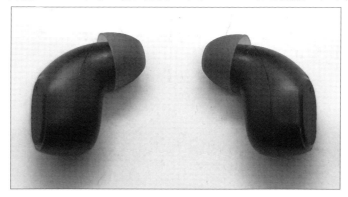

イヤホン

　充電ケースとイヤホンのコンタクトは、TWSでは一般的な「磁石で引きつけてイヤホンと充電ケースの電極を接触させる構造」です。
　「技適マーク」と「PSEマーク」は充電ケース裏面にあります。

　充電ケースの表示では型番は「TWS_G273」、PSEの取得は「㈱TFN(https://tfnmobile.com/)となっています。

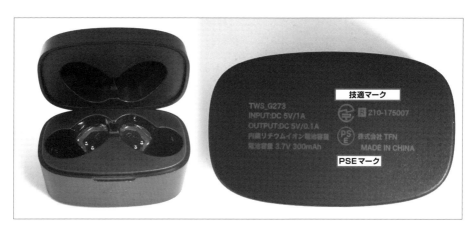

充電ケース

　充電ケースの正面にはLEDがあり、内蔵バッテリの充電状態を4段階で表示します。

充電状態を4段階で表示

■イヤホンの分解

　イヤホンのケースはツメ固定なので、隙間に精密ドライバなどを差し込んで開封できます。

　内部には「メインボード」「LiPoバッテリ」「スピーカー」「充電電極基板」「磁石」が入っています。

　LiPoバッテリとメインボードは、両面テープで固定しています。

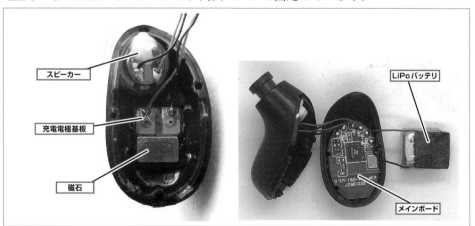

イヤホンを開封した状態

■イヤホンの構成部品

●LiPoバッテリ

　LiPoバッテリは401012サイズ(幅12 x 高10 x 厚4.0mm)で容量35mAhです。
　保護回路は内蔵しておらず、タブ(電極)にリード線を直接ハンダ付けして折り曲げ、ポリイミドフィルムテープで固定しています。

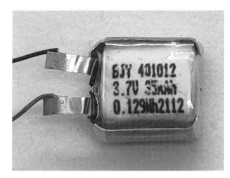

LiPoバッテリ（イヤホン）

● メインボード

　メインボードはガラスエポキシ（FR-4）の4層基板、基板の型番「63A-ACX-09J-V2.0」と製造日（20210527）がシルクで印刷されています。

　表面には「メインプロセッサ」「水晶発振子」裏面には「タッチコントローラIC」「タッチ電極」「コンデンサマイク」「積層チップアンテナ」「2個入りダイオード」「LED(R/B)」が実装されています。

　基板上には、プログラム書込み用のテストランド（DP/DM）もあります。

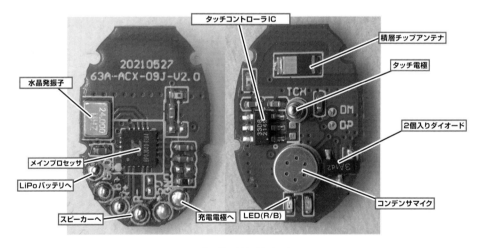

メインボード（イヤホン）

■イヤホンの回路構成

　基板パターンからメインボードの回路図を作りました。

　プリント基板上には回路番号の表示がないので、回路図では筆者が割り当てました。メインプロセッサ（U1）には充電電源（5V）とLiPoバッテリ（B+/B-）が直接接続され

ており、LiPoバッテリの充電制御はメインプロセッサが行っています。

　メインプロセッサの周辺部品はコンデンサとインダクタ(L2)および水晶発振子(24MHz)のみで、必要な電源はすべてプロセッサ内蔵のLDOで生成しています。

　「E-TWS-2」ではBluetooth用電源は外部のスイッチング回路で生成していたので、連続再生時間の差はこの設計の違いによるものだと思われます。

　タッチコントロールは専用IC(U2)を使っています。
　D3は2個入りの特殊なダイオードでLiPoバッテリの保護用だと思われますが、いままで見たことがない使い方です。

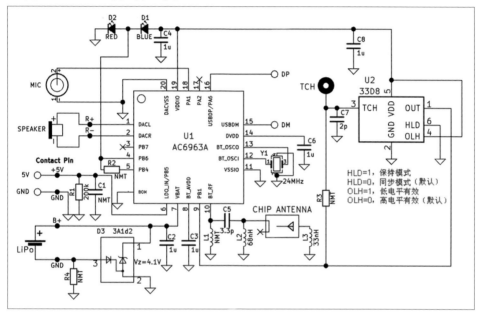

回路図(イヤホン)

■イヤホンの主要部品

●メインプロセッサ AC6963A

メインプロセッサ

メインプロセッサは「珠海市杰理科技股份有限公司」(ZhuHai JieLi Technology Co.,Ltd., http://www.zh-jieli.com/) の DSP 内蔵の Bluetooth TWS 用 SoC「AC6963A」です。

BT 用の LDO を内蔵することで、消費電力が若干増えても周辺部品を減らす設計になっています。

データシートは、以下より入手できます。

https://www.kepuhaodianzikeji.com/newsinfo/644114.html

パッケージは QFN20 ピン、データシートに記載されている主な仕様は以下です。

- ・32bit CPU + DSP(最大 160MHz 動作)
- ・Bluetooth v5.1 準拠
- ・内部電源用 LDO 内蔵
- ・USB2.0 OTG(FS) コントローラ内蔵
- ・LiPo 充電コントロール(VBAT:2.2-5.5V)
- ・省待機電力: Soft-off mode 時 3uA

各ピンはプログラムの設定で機能を切り替えて割り当てることが可能。
「E-TWS-2」の SoC「AD6983D」と比較すると、周辺デバイス接続用のインターフェースに IIC・UART に加えて SPI が使えるようになっています。

PIN NO.	Name	I/O Type	Drive (mA)	Function	Other Function
1	DACL	O	/		DAC Left Channel
2	DACR	O	/		DAC Right Channel
3	PB7	I/O	24/8	GPIO	AMUX1R: Analog Channel1Right; SPI2DOA: SPI2 Data Out(A); IIC_SDA_C: IIC DAT(C); ADC9: ADC Input Channel 9; PWM5: Timer5 PWM Output; UART1RXA: Uart1 Data In(A);
4	PB6	I/O	24/8	GPIO	AMUX1L: Analog Channel1 Left; SPI2CLKA: SPI2 Data Out(A); IIC_SCL_C: IIC SCL(C); ADC8: ADC Input Channel 8; TMR3: Timer3 Clock Input; UART1TXA: Uart1 Data Out(A);
5	PB4	I/O	24/8	GPIO	SPI0_DAT2A(2): SPI0 Data2 Out_A(2); ADC7: ADC Input Channel 7; CLKOUT1 UART2TXC: Uart2 Data Out(C); UART2RXC: Uart2 Data In(C);
	LDO_IN		/		Battery Charger In
6	PB5	I/O	8	GPIO (High Voltage Resistance)	SPI2DIA: SPI2 Data Input(A); PWM3: Timer3 PWM Output; CAP1: Timer1 Capture; UART0TXC: Uart0 Data Out(C); UART0RXC: Uart0 Data In(C);
7	VBAT	P	/		Battery Power Supply
8	BT_AVDD	P	/		BT Power
9	PB1	I/O	24/8	GPIO (pull up)	Long Press Reset; SPI1DOA: SPI1 Data Out(A); ADC5: ADC Input Channel 5; TMR2: Timer2 Clock Input; UART0RXB: Uart0 Data In(B);
10	BT_RF	/	/		BT Antenna
11	VSSIO	P	/		Ground

PIN NO.	Name	I/O Type	Drive (mA)	Function	Other Function
12	BT_SOCI	I	/		BT OSC In
13	BT_SOCO	O	/		BT OSC Out
14	DVDD	P	/		Core Power
15	USBDM	I/O	4	USB Negative Data (pull down)	SPI2DOB: SPI2 Data Out(B); IIC_SDA_A: IIC SDA(A); ADC14: ADC Input Channel 14; UART1RXD: Uart1 Data In(D);
16	USBDP	I/O	4	USB Positive Data (pull down)	SPI2CLKB: SPI2 Clock(B); IIC_SCL_A: IIC SCL(A); ADC13: ADC Input Channel 13; UART1TXD: Uart1 Data Output(D);
	PA6	I/O	24/8		IIC_SDA_D: IIC SDA(D); ADC4: ADC Input Channel 4; CAP4: Timer4 Capture; UART0RXA: Uart0 Data In(A);
17	PA2	I/O	24/8	GPIO	MIC_BIAS: Microphone Bias Output CAP3: Timer3 Capture;
18	PA1	I/O	24/8	GPIO	MIC: MIC Input Channel ; ADC1: ADC Input Channel 1; PWM4: Timer4 PWM Output; UART1RXC: Uart0 Data In(C);
19	VDDIO	P	/		IO Power 3.3v
20	DACVSS	P	/		DAC Ground

AC6963A のピン仕様

●タッチコントローラ 33D8

タッチコントローラ

「33D8」のマーキングで検索したのですが、メーカー・型番ともに分かりませんでした。

ピン配置と機能は、台湾の「通泰积体电路股份有限公司」（Tontek Degign Technology Ltd.) 製の「TTP223」(https://datasheet.lcsc.com/szlcsc/TTP223-BA6_C80757.pdf)と互換になっています。

「TTP223」の互換ICは複数の会社が作っていて、タッチコントロール対応のガジェットではよく見かけます。

PAD DESCRIPTION

Pad No.	Pad Name	I/O Type	Pad Description
1	Q	O	CMOS output pin
2	VSS	P	Negative power supply, ground
3	I	I/O	Input sensor port
4	AHLB	I-PL	Output active high or low selection, 1=>Active low; 0(Default)=>Active high
5	VDD	P	Positive power supply
6	TOG	I-PL	Output type option pin, 1=>Toggle mode; 0(Default)=>Direct mode

33D8の各ピンの機能はTTP223と一致（TTP223のデータシートより）

●2個入りダイオード 3A1d2

2個入りダイオード

「3A1d2」のマーキングから検索したのですが、詳細は分かりませんでした。

マルチファンクションテスター(https://www.shigezone.com/product/multi_tester_tc1/)で確認したところ、2個入りの特殊なダイオードだと判定されました。

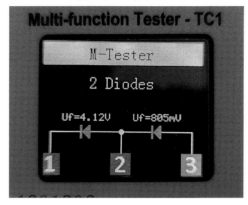

マルチファンクションテスターでの確認結果

■**充電ケースの分解**

　充電ケースもツメで固定されているので、隙間に精密ドライバなどを差し込んで開封できます。

　開封すると「充電ボード」と「磁石」が見えます。

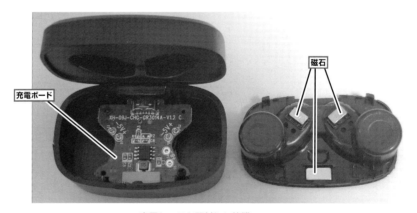

充電ケースを開封した状態

　充電ボードには充電状態を表示するLEDの導光用成型品が付いています。

　LiPoバッテリは充電ボードの下に格納されていて、両面テープでケースに固定されています。

充電ボード下のLiPoバッテリ

■ 充電ケースの構成部品

● LiPoバッテリ

LiPoバッテリは保護回路内蔵の602030サイズ（幅30 × 高20 × 厚6.0mm）で、容量は300mAhです。

LiPoバッテリ（充電ケース）

●充電ボード

充電ボードはガラスエポキシ（FR-4）の両面基板、基板の型番「XH-09J-CHG-GR3014A-V1.2」がシルクで印刷されています。

部品は片面にまとまっていて、「充電制御IC」「インダクタ」「イヤホン充電用コンタクトピン」（ポゴピン）、「USB Type-Cコネクタ」「LED 4個」が実装されています。

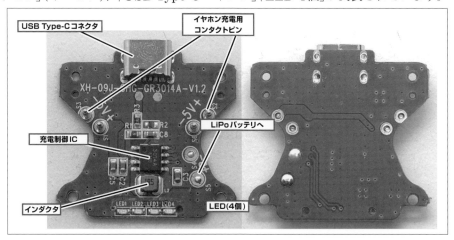

充電ボード

■ 充電ケースの回路構成

基板パターンから、充電ケースの回路図を作りました。

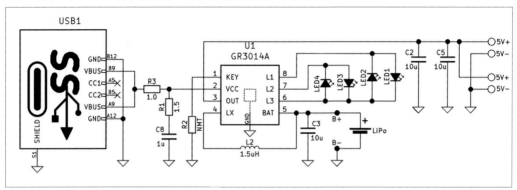

回路図（充電ケース）

　USB Type-Cは充電専用で、電源（VBUS）・GNDのみの接続でした。
　USB-PDで必要なCCラインのプルダウン抵抗は付いていなかったため、USB-PD対応の充電器に「Type-C～Type-C」ケーブルを使って接続した場合は充電できないので注意が必要です。

　充電制御IC（U1）は、USB電源（VBUS=5V）からのLiPoバッテリへの充電と、LiPoバッテリの電圧を5Vに昇圧し、「+/-端子」を経由したイヤホンへの充電（充電ケースから見たら放電）を行ないます。

　ケースの充電状況に応じた4個のLEDを制御する機能もあります。

■ 充電ケースの主要部品

● 充電制御IC GR3014A

充電制御IC

　充電制御ICは「深圳谷雨半导体有限公司」（Grain semiconductor, http://www.grainsemi.com/)「GR3014A」です。

データシートは、以下より入手することができます。

http://www.grainsemi.com/Upload/3e3049b2-1d92-4fcb-80ee-da3829655246.pdf

　LED駆動用の3本のピンの組み合わせで、回路図のように4個のLEDを制御しています。

管脚号	管脚名称	功能描述
1	KEY	按键脚，单击开机，长按关机
2	VCC	适配器 5V 输入端口
3	OUT	升压 5V 输出端口
4	LX	升压开关输出
5	BAT	电池正极输入
6	L3	LED 驱动脚
7	L2	LED 驱动脚
8	L1	LED 驱动脚
Exposed PAD	GND	芯片信号地和功率地

GR3014のピン仕様（データシートより）

●充電専用USB Type Cコネクタ

充電専用Type-Cコネクタ

　USB Type-Cコネクタは「E-TWS-2」と同じUSB充電専用の6ピンコネクタです。
　USB PD充電での必要最低限の信号（VBUS・GND・CC1・CC2）のみが割り当てられています。

■Bluetooth接続情報の確認

　今回も「Bluetooth Scanner」で接続情報を確認しました。
　名前は「DAISO_TWS_G273_1」、プロファイルは「ヘッドセット」、サポートするコーデックは一般的な「SBC」（SubBand Codec）、プロトコルは「Classic」（BR/EDR）で接続されています。ベンダーは「不明」となっていました。

デバイス　ペアリング　フィルター　　履歴　　グラフ　　概要

種類: ヘッドセット (SBC)
名前: DAISO_TWS_G273_1
Bluetoothアドレス: 8F:73:5E:E8:A4:90 (接続済み)
音声情報: アクティブ 一時停止
サービス: Audio, Rendering
サポートされているコーデック: SBC
信号強度 (RSSI): 不明
プロトコル: Classic (BR/EDR)
ベンダー (btカード): 不明
バッテリーレベル: 90%
最後にスキャンされた 2022-07-19 13:30:44

サンプルレート:
44100 Hz
ビット深度:
16-bits
最大ビットレート:
up to 328 kbps

比較　　　カスタマイズ ｜ その他 ｜ ペアリング解除

BlueTooth の接続情報

＊

　前回分解した「E-TWS-2」と比較すると、プリント基板のパターン設計はきちんとしている印象です。

　ただ、充電ケースのCCラインのプルダウン抵抗がないので、USB PD対応充電器と「Type-C〜Type-Cケーブル」で接続した場合はUSB PDの規格上充電できないので注意が必要です。

　また、イヤホンの「LiPoバッテリ」も安全性を考えると保護回路内蔵のものを採用して欲しかったという感想です。

＊

　本製品でも「珠海市杰理科技股份有限公司」(ZhuHai JieLi Technology)のSoCが採用されていました。

　ローエンド Bluetooth オーディオ機器の定番として、引き続き注目していきます。

第3章

電機のガジェット

ここでは、「ワイヤレスマウス」や「充電器」といった、パソコン・スマホ周りで活躍するガジェットを分解します。

3-1	充電式ワイヤレスマウス

　ダイソーでバッテリを内蔵した静音タイプの「充電式ワイヤレスマウス」が500円」(税別)で販売されていましたので、早速これを分解してみます。

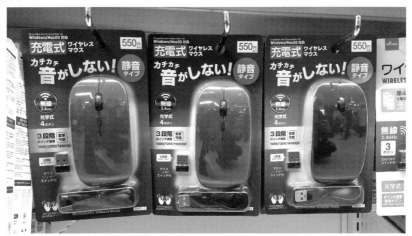

パッケージの外観

■パッケージと製品の外観

●パッケージの表示

　無線は2.4GHz、専用のUSBドングルを使用するタイプです。

　ボタンはホイールマウスの3ボタンに加えて分解能(DPI)切り替え(分解能は「1000/1200/1600dpi」)があります。

　輸入販売元はダイソーの他の商品でも見かける、「(株)ラティーノ エコラ事業部」(http://www.eco-la.jp/company/)です。台紙裏面には技適マーク表示があります。

輸入発売元: 株式会社ラティーノ
お問合わせ先: エコラ事業部
フリーダイヤル：0120-987-084
平日：10時〜12時、13時〜17時
E-mail：shohinotoiawase@yahoo.co.jp

MADE IN CHINA

E-MOU-3　　LOT No. 10093LR

Ⓡ 210-142310

お買い上げ店にてお取り替えさせて
本品の欠陥に基づかない損害につ
上お買い求めください。

製品パッケージの技適表示

●同梱物と本体の外観

パッケージの内容は「マウス本体」「USBドングル」「充電用ケーブル」です。
本体表面は滑り止めのゴムで覆われています。

本体の外観と同梱物

本体底面のラベルにも技適マークと輸入販売元の表示がきちんと付いています。

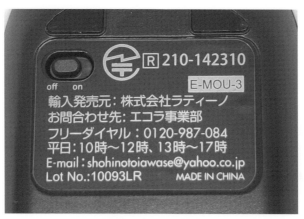

本体底面のラベル表示

●マウス本体の開封

　PCのUSBポートに差し込んで使うUSBドングルは本体底面に格納できます。

　このUSBドングル格納部の蓋を外すと、中に2か所のビスがあるので、これを外せばマウス本体を開封できます。

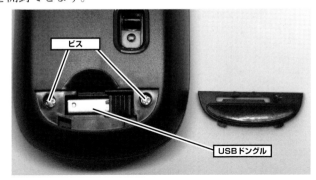

USBドングル格納部とビス

　マウス本体の内部は「メインボード」「ホイール」「LED導光用の透明樹脂」「円筒型リチウムイオンバッテリ」で構成されています。

　マウスの左右ボタンは正方形のプッシュスイッチ（タクトスイッチ）を採用することで、カチカチする音を減らしています。

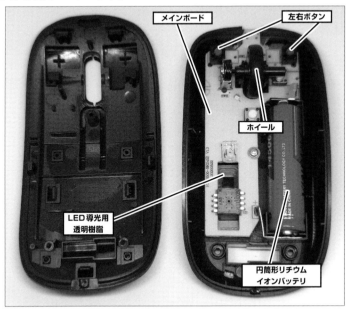

マウス本体を開封した状態

●USBドングルの開封

USBドングルを覆う金属を外すと、USB電極パターンがついた基板が見えてきます。裏面には樹脂モールドで覆われたコントローラが見えます。

USB電極パターン側の基板上部を覆うプラスチックは別ピースのカバーになっていて、これを外すことで基板を取り出すことができます。

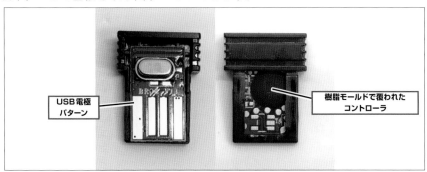

USB電極
パターン

樹脂モールドで覆われた
コントローラ

USBドングルを開封した状態

■マウス本体の回路構成と主要部品の仕様

●バッテリ

バッテリは14500タイプ（直径14mm x 長さ50mm）の円筒型リチウムイオンバッテリで、定格は3.7V/500mAhと小さめです。

リチウムイオンバッテリ

●メインボード

メインボードは紙フェノールの片面基板です。
表面に実装されている部品は「光学マウスセンサ」「LED」「マウスボタン用スイッチ（4個）」「マウスホイール用ロータリーエンコーダ」、および「バッテリ用電極」です。

表面には、基板の「型番」（HYX3500-BK2452）と「製造日」（20200522）の表示があります。

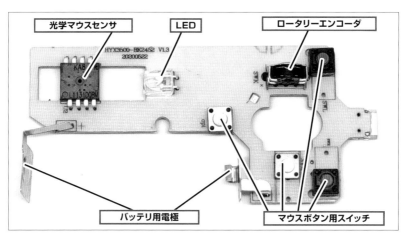

メインボード(表面)

裏面には面実装で充電用の「MicroUSBコネクタ」「電源スイッチ」「コントローラIC」「16MHzの水晶振動子」「バッテリの充電制御IC」「定電圧レギュレータ」(LDO)が実装されています。

無線アンテナは、基板パターンです。

基板に開いた穴からはマウスの移動検出のための光学マウスセンサセンサ開口部が見えています。

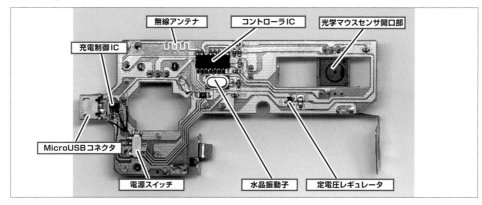

メインボード(裏面)

■マウス本体の回路構成

基板パターンからメインボードの回路図を作りました。

全体としては「通常の無線マウスに充電制御用の回路を追加」した構成となっています。

光学マウスセンサ(U2)と各マウスボタンスイッチ・ロータリーエンコーダはコントローラIC(U1)に接続されています。U1は2.4GHz無線機能も内蔵しています。U1とU2の電源(2.7V)は定電圧レギュレータ(U5)から供給されています。

U6は充電制御ICで、USBコネクタのVBUS(5V)入力からリチウムイオンバッテリへの充電制御を行なっています。

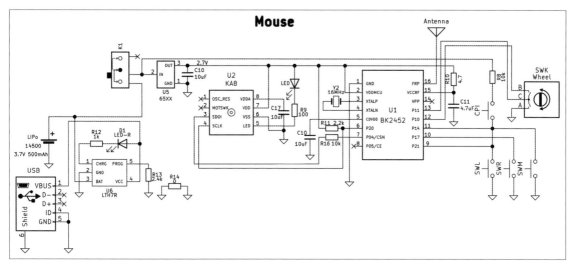

メインボードの回路図

■マウス本体の主要部品

●光学マウスセンサ KA8

光学マウスセンサ

　光学マウスセンサは「深圳市富満电子集団股份有限公司」(SHEN ZHEN FINE MADE ELECTRONICS GROUP http://www.superchip.cn/) の Optical mouse sensor「KA8」です。

　データシートは以下より入手できます。

https://bit.ly/3M0pqK6

　次ページにKA8のブロック図を示します。

　コントローラとはシリアルインターフェース(SCLK, SDIO)で接続します。

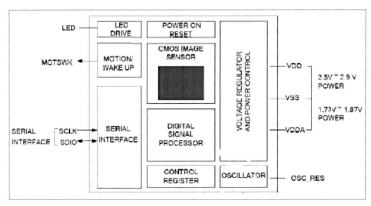

KA8のブロック図（データシートより）

　推奨動作条件の電源電圧：VDD2は2.7V、分解能は400〜1600dpiです。
　VDD1はKA8内部で生成され、VDDA端子には電源フィルタ用のコンデンサを接続して使っています。

符号	参数	最小値	典型値	最大値	単位	备注
TA	工作温度	0	--	40	℃	
VDD1	電源電圧	1.73	1.8	1.87	V	VDD，VDA 短路
VDD2		2.5	2.7	2.9		VDD
VIN	電源噪声	--	--	100	mV	峰峰值 0-80MHZ
Z		2.3	2.4	2.5	mm	
R	分辨率	400	1000	1600		
SCLK	串行端口时钟频率	--	--	10	MHz	
FR	帧速率	--	3000	--	Frames/S	
S	速度	0	--	28	Inches/S	

KA8の推奨動作条件（データシートより）

　次に「KA8」の内部のシリコンチップを顕微鏡で確認してみます。
　光学マウスセンサのシリコンチップは裏面キャップを外せば、むき出しの状態になります。

KA8の裏面キャップを外した状態

　シリコンチップのパッドとリードフレーム（パッケージの端子に引き出すための電極）を接続する金属ワイヤ（ワイヤボンディング）の拡大写真です。
　電源（VDDA）には2本、GND（VSS）には3本のワイヤが接続されています。

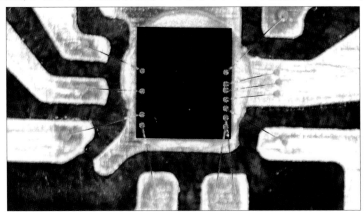

KA8のワイヤボンディング

　シリコンチップを更に拡大してみます。
　シリコンチップのサイズは「1.35mm × 1.5mm」、左下部分のイメージセンサは「縦18×横18=324画素」です。

KA8のシリコンチップの拡大写真

●コントローラIC BK2452

コントローラIC

　コントローラICはパッケージのマーキングは標準品から変更されていますが、「博通集成电路(上海)股份有限公司」(Beken Corporation , http://www.bekencorp.com/)のコントローラ「BK2452」です。
　データシートは以下より入手できます。

https://bit.ly/3HpwPyW

　データシートのピンリストの機能と、作った回路図の結線は一致しているのを確認しました。

NO.	Name	Pin Function	Description
1	GND	ground	
2	VDDMCU	Power supply	power supply
3	XTALP	Analog output	Oscillator output
4	XTALN	Analog input	Oscillator input
5	CDVDD	Analog output	connected with decoupling CAP
6	P20	Digital I/O	General I/O,
7	P04	To BK2425 CSN(fixed)	This pin can be shared for other function depend on software
8	P05	To BK2425 CE(fixed)	This pin can be shared for other function depend on software
9	P2.1	Digital I/O	General I/O,
10	P1.7	Digital I/O	General I/O,
11	P1.4	Digital I/O	General I/O,
12	P1.0	Digital I/O	General I/O,
13	P1.1	Digital I/O	General I/O,
14	VPP	Power supply	Program mode and 6.5V power supply
15	VCCRF	Power supply	Power supply
16	RFP	Antenna input	

BK2452のピンリスト(データシートより)

　BK2452はIntel 8051互換MCU(Bk51)を採用し、2.4GHz RF回路を内蔵していて、USB回路を内蔵したUSBドングル側の「BK2451」と組合せて無線マウスを構成するチップセットとなっています。

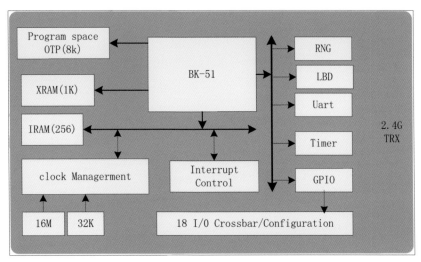

BK2452のブロック図（データシートより）

●充電制御IC LTH7R

充電制御IC

　充電制御ICは「深圳市富満电子集团股份有限公司」（SHEN ZHEN FINE MADE ELECTRONICS GROUP http://www.superchip.cn/）の単セルリチウムイオン電池用の充電管理IC「LTH7R」です。

　データシートは以下より入手できます。

https://bit.ly/3slBSfA

　充電電圧は4.2V、最大充電電流はPROG端子に接続した外部抵抗で設定できます。

符号	名称	功能说明
1	CHRG	充电指示端
2	GND	地
3	BAT	充电电流输出端
4	VCC	电源输入端
5	PROG	外部编程充电电流端

LTH7Rのピンリスト

Rprog	Ibat
$I_{bat}=1000/R_{prog}$	
10K	100mA
5K	200mA
3.3K	300mA
2.5K	400mA
2K	500mA

PROG抵抗値と充電電流の対応表（データシートより）

■USB ドングル基板

　USBドングル基板は、ガラスエポキシ(FR-4)の両面基板です。
　USB電極は、プリントパターン、同じ面に16MHzの水晶振動子が面実装されています。

　裏面には、樹脂モールドされたコントローラと周辺部品（コンデンサ）が実装されています。
　無線アンテナは両面を使ってスルーホールで接続されたパターンアンテナです。
　基板の型番(BR08 V11)はシルクで表示されています。

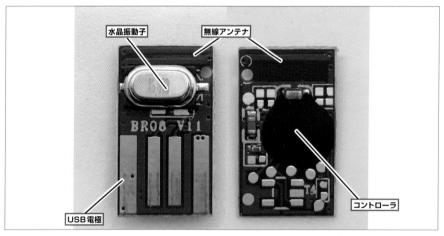

USB ドングル基板

■USBドングルの回路構成

基板パターンからUSBドングルの回路図を作りました。

コントローラはワンチップでUSBと無線機能をサポートしています。

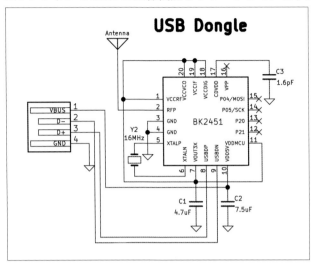

USBドングルの回路図

■USBドングルの主要部品

●コントローラIC BK2451

コントローラIC(樹脂モールドを削った状態)

USBドングルのコントローラはマウスのコントローラIC(BK2452)とチップセットになっている「BK2451」のベアチップ実装版です。

「BK2451」のブロック図を確認すると、USBドングル用のUSB2.0インターフェースが内蔵されています。

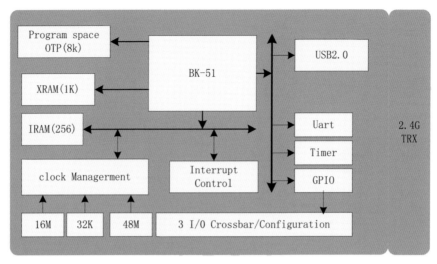

BK2451のブロック図（データシートより）

NO.	Name	Pin Function	Description
1	VCCRF	Power supply	3v supply
2	RFP	Antenna input	
3	GND	ground	
4	GND	ground	
5	XTALP	Analog output	Oscillator output
6	XTALN	Analog input	Oscillator input
7	VOUT3V	Analog output	3v power output, connected with decoupling CAP
8	USB_DP	Digital I/O	USB input P
9	USB_DN	Digital I/O	USB input N
10	VDD5V	Power	5V supply for USB
11	VDDMCU	Power supply	3v supply
12	P2.1	Digital I/O	General I/O，
13	P2.0	Digital I/O	General I/O，
14	P05	To BK2425 SCK(fixed)	This pin can be shared for other function depend on software
15	P04	To BK2425 MOSI (fixed)	This pin can be shared for other function depend on software
16	VPP	Power supply	Program mode and 6.5V power supply
17	CDVDD	Analog output	power output, connected with decoupling CAP
18	VCCDIG	Power supply	3v supply for RF part digital
19	VCCIF	Power supply	3v supply
20	VCCVCO	Power supply	3v supply

BK2451のピンリスト

　シリコンチップを顕微鏡で拡大してみます。
　チップサイズは「1.8mm × 1.8mm」、中央上の部分には「無線回路用のコイル」（円形のパターン）があるのが確認できます。

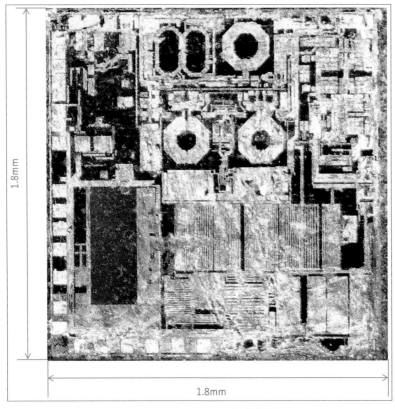

BK2451のシリコンチップの拡大写真

*

　最近の格安ガジェットでは専用のワンチップICを使用してコストダウンしているパターンが多いのですが、本製品は通常のワイヤレスマウスに、リチウムイオン電池と充電回路、リチウムイオン電池から必要な電源 (2.7V) を生成する定電圧ICを追加という構成になっていました。

　内蔵バッテリもフィルムタイプのLiPoバッテリではなく、単価の高い円筒形の金属で覆われた14500タイプのリチウムイオン充電池が使われていて、これまで分解してきたマウスと比較しても、コストがかかっているという印象です。

3-2　PDカーチャージャー

　今回はUSB高速充電規格「USB PD(Power Derivery)」に対応したダイソーの「PD
カーチャージャー」を分解します。

■パッケージと製品の外観

　「PDカーチャージャー」はダイソーブランドで、USB-AポートとType-Cポートが
付いています。

　価格は500円(税別)と他のカーチャージャーより高めの設定です。

パッケージの外観

　入力は「12V/24V」両対応で、定格出力はType-Cポート (USB PD) は最大約
18W(5V/3A、9V/2A、12V/1.5A)、USB-Aポートは最大12W(5V/2.4A)、2ポート
同時使用時は最大30Wとなっています。

用途 / Purpose / Finalidada de uso
●車内にてType-C搭載機器に最大約18W(5V/3A、9V/2A、12V/1.5A)のPD出力、USB A搭載機器に最大5V2.4Aで充電を行います。●2ポート同時使用時、最大30W出力です。●Charges inside a car with a maximum power output of 18W (5V/3A, 9V/2A, 12V/1.5A) to a device with a Type-C connector and a maximum 5V/2.4A to a device with a USB Type-A connector.●Max. 30W output when using both ports at the same time.●No carro, os dispositivos equipados com USB tipo C são carregados com saída PD de até cerca de 18 W (5 V / 3 A, 9 V / 2 A, 12 V / 1,5 A) e os dispositivos equipados com USB A são carregados com até 5 V 2,4A.●A saída máxima será de 30W ao utilizar as duas portas ao mesmo tempo.
特徴 / FEATURES / Característica
●Type-Cポートは最大18WのPD(パワーデリバリー)充電対応、USB Aポートも5V2.4Aの高出力タイプです。●Type-C port charges with a maximum power output of 18W, and the USB Type-A port also has a high output of 5V 2.4A.●A porta Tipo-C suporta PD (entrega de energia) carregando até 18 W, e a porta USB A também é um tipo de saída alta de 5 V 2.4A.

パッケージの定格表示

■本体の外観と同梱物

パッケージの内容は本体のみです。

本体のシガーソケットへの差し込みプラグ（電源入力）側にはセンターに＋電極、本体左右に－電極があります。

シガーソケットへの差し込みプラグ

出力ポート側の充電用コネクタはType-CとUSB-Aの2つがあり、Type-Cポートには「PD」の記載があります。

周囲は半透明の成形品で囲まれていて、通電すると青く光ります。

本体の出力ポート

Type-CとUSB-Aからの出力電圧は独立していて、Type-Cに9V/12Vを出力したときも、USB-Aポートには5Vが同時に出力されます。

2ポートでの充電には使いやすい設計です。

Type-CとUSB-Aは別電圧の同時出力が可能

■本体の分解

外装は接着されているため、超音波カッターで切断して開封します。

内部には「プリント基板」、バネで押される「＋電極」、左右に広がった金属部品による「－電極」があります。

各電極はプリント基板にハンダ付けされています。

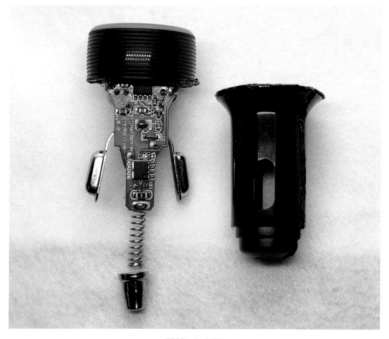

開封した本体

USBコネクタ部分を覆う成形品のカバーも超音波カッターで切断して外して基板を取り出します。

　プリント基板は2枚構成で、USB-Aコネクタが実装されたサブボードにType-Cコネクタが実装されたメインボードが裏から垂直に差し込まれています。

USBコネクタの配置

　メインボードはサブボードの裏から直接ハンダ付けで接続されています。

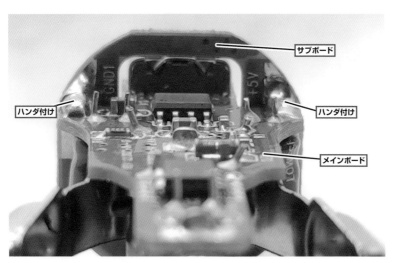

メインボードとサブボードの接続部

■回路構成と主要部品の仕様

●メインボード

　メインボードはガラスエポキシ（FR4）の両面基板です。

　基板上には型番「HH-DCPD2.0+5V 2.4A-A REV 1.2」と製造日「2021-07-17」の表示があります。

　次の写真は、メインボードの主要な実装部品を記載しています。

　メインボードにはType-Cコネクタが実装されています。

　電源平滑用のコイルはType-C用とUSB-A用で2個あり、どちらもドーナツ状のコアに銅線が巻き付けられたタイプです。

　コントローラICもType-C用とUSB-A用で2個実装されています。

　プリント基板はGND・電源パターンは充分広くとってあります。

　出力電圧をコントローラICにフィードバックするパターンもカットを入れて分離していて、全体的に良い設計という印象です。

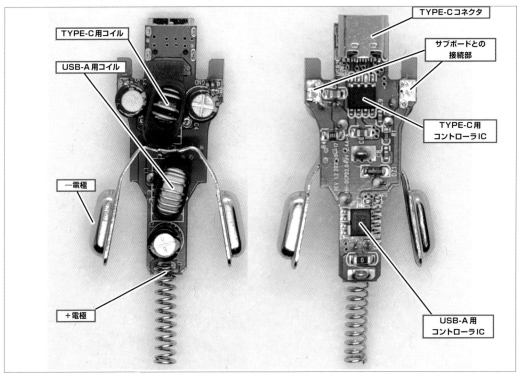

メインボード

●サブボード

サブボードもガラスエポキシ(FR4)の両面基板です。

基板上に型番「HH-DCPD2.0+5V 2.4A-B REV 1.0」と製造日「2020-10-13」の表示があります。基板上には面実装のLED 4個とUSB-Aコネクタが実装されています。

USB-AコネクタのD+とD-は基板のパターンで短絡されています。

サブボード

●回路構成

基板パターンより、回路図を作りました。

Type-CとUSB-Aの電源は完全に独立した回路なので、異なる電圧を同時に出力できます。

Type-CのコントローラICはUSB PDの制御ライン(CC)とUSB通信ライン(D+/D-)が接続されていて、接続されたUSB PD対応デバイスの要求に応じて5V/9V/12Vを出力します。

USB-Aのコントローラは5V固定出力です。

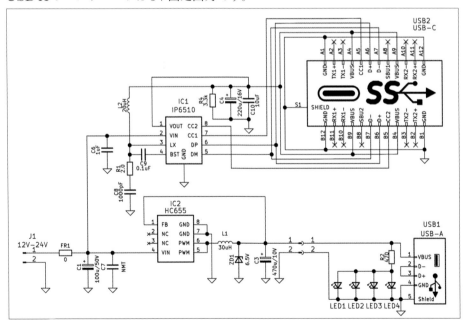

回路図

■主要部品の仕様

●Type-C用コントローラIC(IC1) IP6510

Type-C用コントローラIC

　Type-C用のコントローラICは「英集芯科技股份有限公司」(http://www.injoinic.com/)製のUSB PD /Fast Charge 18W出力SoC「IP6510」です。データシートは以下より入手できます。

http://www.injoinic.com/product_detail/id/3.html

　降圧型スイッチングレギュレータで、USB高速充電プロトコルのサポートと電源電圧制御を8ピンという必要最小限のサイズのパッケージで実現しています。

　本機ではType-CコネクタのPD対応信号(CC1/CC2)だけではなくD+/D-信号も接続することで、USB PD以外の高速充電規格(QC2.0/3.0,USB-BC1.2他)にも対応しています。

　ちなみにデータシートではUSB PDの5V出力は「5V/2.4A」となっていて、製品仕様の定格の「5V/3A」とは異なっています。

Output fast charge standard

IP65100 support several Fast charge output
- ✧　Support BC1.2, Apple, Samsung
- ✧　Support Qualcomm QC2.0, QC3.0
- ✧　Support Huawei Fast charge: FCP
- ✧　Support Samsung fast charge : AFC

Type-C port and USB PD protocol

　IP6510 support Type-C output and USB PD protocol, USB PD support output of : 5V/2.4A, 9V/2A, 12V/1.5A.
　IP6510 Type-C support several fast charge standards with DP/DM and CC1/CC2 pins, when IP6510 Type-C output 5V, other fast charge request will be accepted and voltage/current will be changed accordingly. But when IP6510 Type-C output non-5V voltage, other fast charge request will be ignored.

サポートする高速充電プロトコル(データシートより)

●USB-A用コントローラIC(IC2) HC655

USB-A用コントローラIC

USB-A用コントローラICは「HC655」というマーキングで検索しても詳細は不明でした。

出力電圧5Vの汎用のスイッチングレギュレータICであると思われます。

■USB高速充電モードの確認

次に、本製品のUSB充電プロファイルを確認してみます。

USB高速充電モードの確認には「ChargerLAB POWER-Z KT001」(https://amzn.to/3i4T43G)を使いました。

ChargerLAB_POWER-Z_KT001

●USB PDパワールール (PDO)

Type-C側の「USB PDパワールール」(Power Data Object)の確認結果です。

製品仕様の定格出力である「5V/3A,9V/2A,12V/1.5A」と異なっています。

PDOの「5.00V @ 2.39A」はIP6510のデータシートの値(5V/2.4A)と一致しています。

USB PDパワールールの確認

●対応する高速充電モード

　「USB PD」以外で対応しているUSB高速充電モードをType-C、USB-Aの両方で確認した結果です。

Type-C側はUSB PD以外のメジャーな充電規格もサポートしています。QC3.0での200mVステップでの出力電圧可変にも対応しています。

USB-A側はDCP-1.5A(USB BC1.2)のみのサポートです。

高速充電プロファイルの確認（左: Type-C、右: USB-A）

■出力電流－電圧特性の確認

　電子負荷を使って出力特性の実力をType-C、USB-Aのそれぞれで測定しました。入力電圧はシガーソケットを想定して「12.5V」としています。

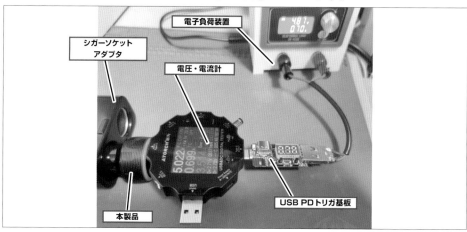

出力特性の測定環境

　測定結果ですが、いずれも定格出力電流以下での出力電圧は +/-5% であり問題はありません。

　過電流保護の動作点（出力電圧が停止する電流値）は製品仕様の定格に対して高めになっています。

　定格出力での電力効率は「5V出力:86%」「9V出力:約93%」「12V出力:約95%」でした。

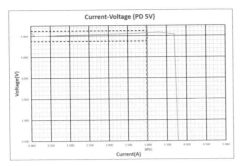

出力電流－電圧特性 (Type-C PD5V)

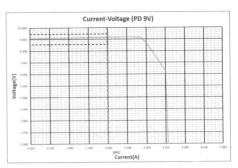

出力電流－電圧特性 (Type-C PD9V)

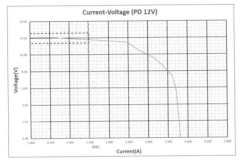

出力電流－電圧特性 (Type-C PD12V)

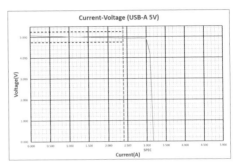

出力電流－電圧特性 (USB-A 5V)

＊

　「USB PD」のPDOと製品仕様の定格電流が異なっていましたが、電源回路としての実力は製品仕様を満たしていました。

　ただし、USB PD 5V対応のデバイスを接続したときは、充電器からPDOで通知された電流(2.39A)までしか引くことが許されないので、製品仕様は修正したほうがよいでしょう。

＊

　電子工作という観点では、1個からスイッチング電源回路を2系統(出力可変及び5V固定)入手できるので、いろいろと応用ができそうです。

PD PPS対応 超速充電器PD+Quick Charge

今回はUSB充電規格「USB PD」の拡張機能である「PPS」に対応した「超速充電器PD + Quick Charge」を分解します。

■パッケージと製品の外観

「超速充電器 PD + Quick Charge」は「USB Power Delivery Rev3.0 Ver1.1」で追加された出力電圧を任意に変更できる拡張機能「PPS」(Programmable Power Supply)に対応しているということで、一部のマニアの間で話題になりました。

同じものがダイソーとキャンドゥで販売されていて、販売価格は700円(税別)です。

パッケージの外観

パッケージ裏面の仕様では、入力電圧「AC100-240V」、Type-C ポート (USB PD3.0)は「5V/3A, 9V/2.22A, 12V/1.66A」、Type-A ポート (QC3.0)は「3.6V-6V/3A, 6.1V-9V/2A, 9.1V-12V/1.5A(=18W)」となっています。

「PPS」対応については特に記載はありません。

仕様

●入力：AC100〜240V 50/60Hz
●出力：Type-C(Power Delivery3.0)：5V3A/9V2.22A/12V1.66A
Type-A(Quick Charge3.0)3.6V-6V/3A,6.1V-9V/2A 9.1V-12V/1.5A
●2 台同時充電の場合 5V/3A● 最大 3A ●使用温度範囲：0℃
〜35℃ ●保存温度範囲：-10℃〜50℃ (結露なきこと) ●過電流保護機能搭載

パッケージの仕様表示

■パッケージの内容

パッケージに入っているのは、本体のみです。

本体にはType-CとType-Aの2つの出力ポートがあり、それぞれに「PD」「Quick Charge 3.0」の表示があります。

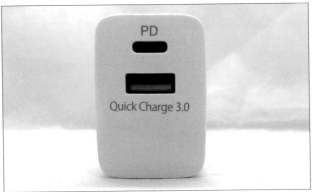

本体の出力ポート

ACプラグは折りたたみ式で、本体にコンパクトにおさまるので、持ち運びにも便利です。

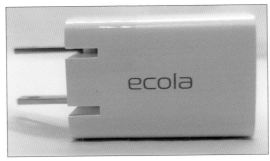

折りたたみ式のACプラグ

輸入販売元は「(株)ラティーノ」です。

「PSE」マークは本体に印刷されていますが、本体の定格表示にも「PPS」対応の記載はありません。

本体のPSEマークと定格表示

■本体の分解

本体ケースは接着されているため、接着部分を超音波カッターで切断して開封します。

開封すると「ACプラグ電極」と「プリント基板」に分離できます。
「ACプラグ電極」と「プリント基板」はパターンで接触して接続する方式となっています。

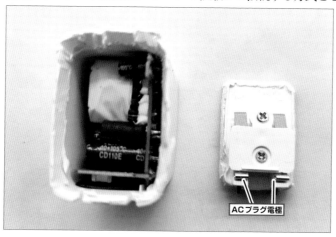

開封した本体

外装から取り出したプリント基板は3枚構成で、2枚のサブ基板の間に黒い絶縁シートがあります。

取り出したプリント基板

「メインボード」に差し込む形で「AC入力サブボード」と「Type-Cサブボード」がハンダ付けされています。
1次側（AC入力）と2次側（USB出力）の間の必要距離は、絶縁シートで確保しています。

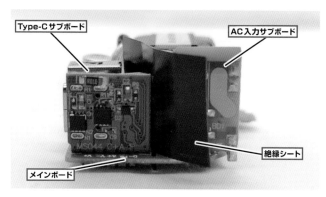

プリント基板の構成

■プリント基板の確認

● メインボード

　メインボードはガラスエポキシ(FR4)の両面基板です。
　写真はメインボードの主要な実装部品を記載しています。

　電源トランスの2次側は、巻線を引き出して直接プリント基板にハンダ付けされています。

　メインボード裏面には型番「PD20W A+C」と基板の製造日「20201022」の表示があります。

　大電流が流れる部分は電流制御のためにパターンにカットを入れ、さらにハンダ盛りと両面パターンをスルーホールで接続してインピーダンスを下げています。
　1次側～2次側の絶縁距離を確保するための「スリット」もあり、電源回路の基本はおさえている設計といえます。

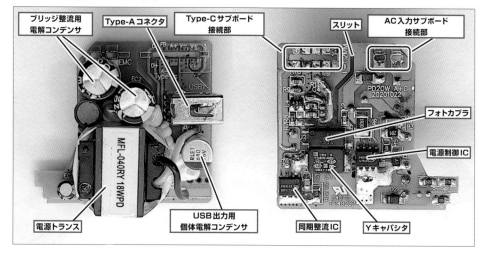

メインボード

● AC入力サブボード

AC入力サブボードはガラスエポキシ(FR4)の片面基板です。

実装されているのはAC整流用のブリッジダイオードとACヒューズのみで、本体の小型化のために別基板にしたと思われます。

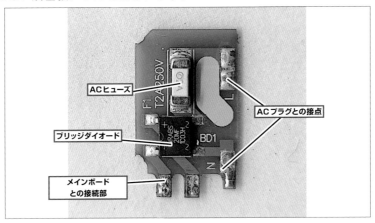

AC入力サブボード

● Type-Cサブボード

Type-Cサブボードはガラスエポキシ(FR4)の両面基板です。表面にはUSB Type-Cコネクタと充電コントローラが実装されています。

裏面にはType-A及びType-Cコネクタへの充電電源(VBUS)出力をON-OFFするための8ピンパッケージのパワーNMOS FETが2個実装されています。

基板の型番「MSO44 C+A IP」の表示もあります。

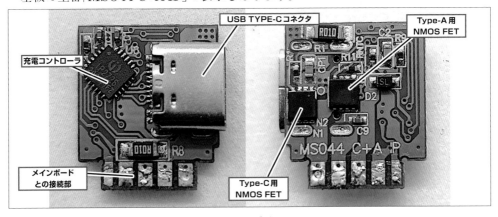

Type-Cサブボード

■回路構成

基板パターンより、回路図を作りました。

電源制御IC(U1)は、電源スイッチング用のMOSFETとコントローラがワンチップになっています。

Type-Cサブボード上のUSB充電コントローラ(U6)が接続されたデバイスを判別し、要求された出力電圧になるように、U6のFB出力信号をシャントレギュレータ(U4)とフォトカプラ(U2)を経由して電源制御IC(U1)のFB端子に入力しコントロールしています。

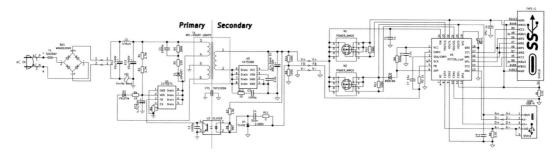

回路図

■主要部品

● 電源制御IC(U1) CX7527C

電源制御IC

電源制御ICは「深圳市诚芯微科技有限公司」(http://cxwic.com/)製のPD電源コントローラ「CX7527C」です。

概略の仕様は以下より入手できます。

http://cxwic.com/?addc/110

スイッチング周波数は65kHz固定、サイクルごとの過電流保護、過負荷保護、ソフトスタート、チップ過熱保護、VDD低電圧/過電圧ロックアウト機能などを内蔵しています。

脚位	名称	说明
1	GND	芯片地
2	VDD	芯片供电引脚
3	FB	反馈引脚
4	CS	高压MOSFET的源端以及电流检测引脚
5, 6, 7, 8	Drain	高压MOSFET的漏端

CX7527X
SOP-8L

GND 1 · VDD 2 · FB 3 · CS 4 · 8 Drain · 7 Drain · 6 Drain · 5 Drain

CX7527X

备注：恒压输出请使用CX7527,恒功率输出请使用CX7527C

CX7527Cのピン仕様（CXWICのホームページより）

● 同期整流IC(U3) CX7538B

CX7538B
X2103AA

電源制御IC

U3は「深圳市诚芯微科技有限公司（http://cxwic.com/）」製のスイッチング電源二次側同期整流IC「CX7538B」で、上記のCX7527Cとセットで使われます。
　概略の仕様は以下より入手できます。

http://cxwic.com/?addc/206

　最大200kHz動作のMOSFET同期整流スイッチで、内蔵MOSFETのソース-ドレイン電圧を検出してスイッチングの状態を自動で判断します。
　最大4A出力に対応し、動作点4.5Aの過電流保護機能を内蔵しています。

引脚定义

GND 1 · GND 2 · VDD 3 · VCC 4 · 8 Drain · 7 Drain · 6 Drain · 5 Drain

CX7538X

脚位	名称	说明
1	GND	功率地，MOSFET 源极
2	GND	芯片地
3	VDD	内部供电脚，连接退偶电容
4	VCC	输出电压检测脚
5, 6, 7, 8	Drain	开关脚，内部 MOSFET 漏极

CX7538X
SOP-8L

CX7538Bのピン仕様（CXWICのホームページより）

● USB充電コントローラ(U6) IP2726

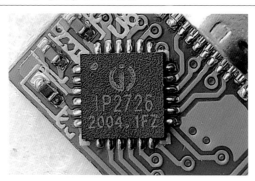

USB充電コントローラ

充電コントローラは「深圳英集芯科技股份有限公司」(http://www.injoinic.com/)製の USB急速充電プロトコルコントローラ「IP2726」です。

データシートは、以下より入手できます。

http://www.sz-dowell.com/a/products/chanpinpdf/IP2726.pdf

データシートは1ポート対応ですが、実際の回路を確認した結果、オリジナルでは NCとなっている端子を使用して2ポートの制御をする「カスタム仕様品」であることが 分かりました。

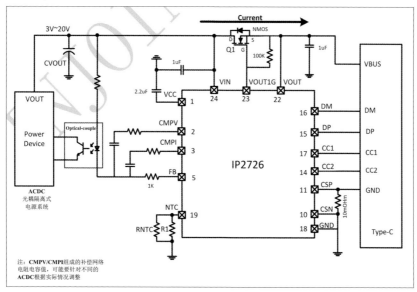

IP2726の応用回路例は1ポート仕様(データシートより)

●USB PD+USB2.0通信用USB Type-Cコネクタ

USB PD+USB2.0通信用Type-Cコネクタ

USB Type-Cコネクタは、USB PD+USB2.0通信用の16ピンコネクタです。複数の会社から販売されている汎用品で、データシートは以下より入手できます。

https://datasheet.lcsc.com/lcsc/2205251630_Korean-Hroparts-Elec-TYPE-C-31-M-12_C165948.pdf

コネクタの16本のピンにはUSB PDで必要な信号（VBUS・GND・CC1/2・SBU1/2）とUSB2.0の通信ライン（DP1/2・DN1/2）が割り当てられています。

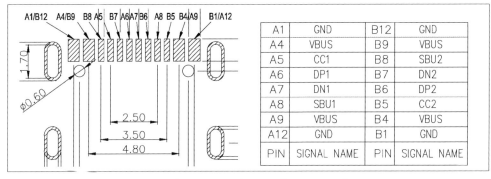

A1	GND	B12	GND
A4	VBUS	B9	VBUS
A5	CC1	B8	SBU2
A6	DP1	B7	DN2
A7	DN1	B6	DP2
A8	SBU1	B5	CC2
A9	VBUS	B4	VBUS
A12	GND	B1	GND
PIN	SIGNAL NAME	PIN	SIGNAL NAME

USB_PD+USB2.0通信用Type-Cコネクタのピンアサイン（データシートより）

■対応するUSB急速充電プロトコルの確認

次に、本製品のUSB急速充電プロトコルの対応確認してみます。

チェックには「WITRN U3」（https://www.shigezone.com/product/witrn_u3/）を使いました。

WITRN U3

●Type-Cポートがサポートしている急速充電規格の確認

Type-Cポートがサポートしている急速充電規格の確認結果です。
USB PD3.0以外の多くの急速充電規格にも対応しています。

Type-Cポートがサポートしている急速充電規格

● USB PD PDOの確認

Type-C側のUSB PD PDO(Power Data Objects)の確認結果です。
出力電圧5V/9V/12Vに加えて、拡張機能の「PPS 3.3-11.0V/2A」をサポートしています。

USB PD PDOの確認

PPSで出力電圧を可変させた結果です。
3.3V設定では3.7Vまでしか下がりませんでしたが、それ以外は設定した電圧が出力されていました。

USB PD PPS動作の確認結果

●Type-Aポートがサポートしている急速充電規格の確認

　Type-Aポートがサポートしている急速充電規格の確認結果です。
　こちらも、QC3.0以外の急速充電規格にも対応しています。

Type-Aポートがサポートしている急速充電規格

● QC3.0 電圧可変動作の確認

　QC3.0で電圧設定の上限と下限を確認した結果です。
　製品仕様の電圧可変範囲は3.6〜12Vであるのに対して、実測の可変範囲は3.743〜12.03Vでした。

QC3.0電圧可変範囲の確認結果

■ 出力電流－電圧特性の確認

　出力電流－電圧特性をUSB PDのPDOで規定されている5V・9V・12Vで測定しました。

　点線は定格出力電圧+/-5%のラインです。

　いずれも定格電流内での出力電圧は充分安定しており、過電流保護特性も良好です。

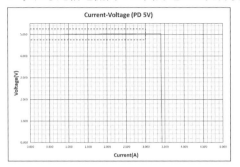

出力電流－電圧特性 (USB PD 5V)　　　　　　出力電流－電圧特性 (USB PD 9V)

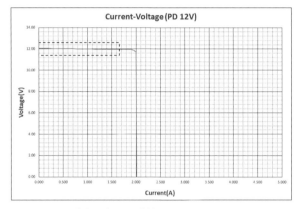

出力電流－電圧特性 (USB PD 12V)

＊

　カスタム仕様のUSB充電コントローラICやPD電源用のチップセットといったUSB PD充電器に特化した部品が使われているところが、最近の中国のエコシステムらしいと感じました。

＊

　電圧が3.7V以下に下がらないという問題はあるものの、プリント基板の設計や出力電流特性・過電流保護動作という電源の基本はきちんと押さえています。

　なによりも、1,000円以下で「出力電圧が可変できる2A出力電源」が手に入るというのは、非常に魅力的です。

ウォッチ・チャージャー

　ダイソーでアップルウォッチをワイヤレス充電できる「ウォッチ・チャージャー」が発売になりました。

　さっそく分解してみます。

パッケージの外観

■ パッケージと製品の外観

　「ウォッチ・チャージャー」は、2022年6月下旬から店頭で見かけるようになりました。USBポートから給電するタイプで、価格は700円（税別）です。

　パッケージの内容物は本体と取り扱い説明書です。

　本体はUSB-Aタイプのプラグが直接出ているタイプです。

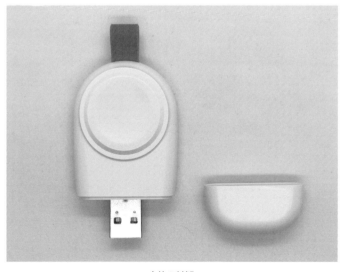

本体の外観

　実際にUSBポートに刺してみたのですが、充電状態を表示するインジケーター(LED)は本体の外からは見えませんでした。

　同梱の取扱説明書は日本語、簡単な使い方と注意事項、定格表示が記載されています。

材質	ABS樹脂
サイズ	約W8.0×D1.36×H3.8cm
重量	約21.5g
定格入力	5V/1A
最大出力※	3W

取扱説明書の定格表示

　本製品のお問い合わせ先(輸入元)は最近のダイソー商品でよく見かける、大阪に本社がある「MAKER(株)」です。

【お問い合わせ先】MAKER株式会社
TEL:050-3733-6050(平日10時～17時)
Mail:support@makercorp.jp

※電話がつながらない場合や、平日10時～17時以外のご連絡
　に関しましてはおそれ入りますがメールにてご連絡ください。

取扱説明書の「お問い合わせ先」

　ちなみに、アップルウォッチの充電方式は標準規格化されているワイヤレス給電方式「Qi(チー)」ではなく、独自の「磁気充電」と呼ばれる方式です。

　調べてみたのですが規格詳細はオープンにされていないようです。

■ 本体の分解

　本体のケースは、樹脂のはめ込み式なので、側面の隙間にカッターの刃のような薄いものを差し込んでこじると開封できます。

　内部にはメインボードと無線送電用のコイルがあり、ケース下面のボスを穴に挿すかたちで基板が固定されています。

　無線送電用コイルの中心部分は充電位置固定用の磁石になっています。

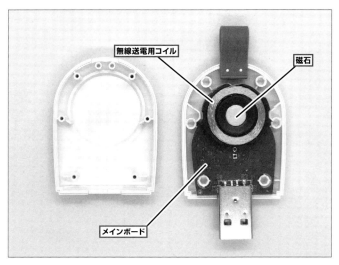

開封した本体

■ 内部の構成部品

● メインボード

　メインボードは、ガラスエポキシ(FR-4)の両面基板で、部品はすべて表面に実装されています。

　基板の型番(OJD-87 V2.0)と製造年月日(20211130)はシルクで印刷されています。

　無線送電用のコイルはメインボードに直接ハンダ付けされていて、両面テープとスポンジで裏面に固定されています。

　主要な半導体部品は、コントローラICと送電用コイルを駆動するための4個のFETです。
　温度検出用のNTC(Negative Temperature Coefficient, 負特性)サーミスタや電流検出用の0.02 Ωのチップ抵抗も実装されています。

　完成品の外部からは見えないのですが、メインボードの基板端付近には状態表示用の2個のLEDが実装されています。
　裏面は配線パターンのみで、実装部品はありません。

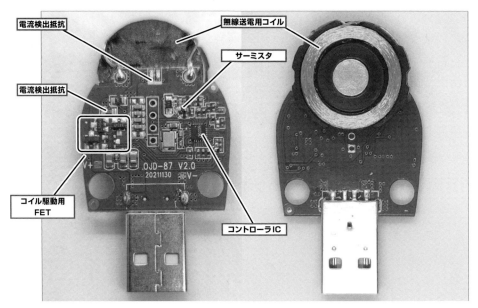

メインボード

■ 回路構成

以下は、基板パターンから作成した回路図です。
基板には回路番号がなかったため、筆者の方で付けています。

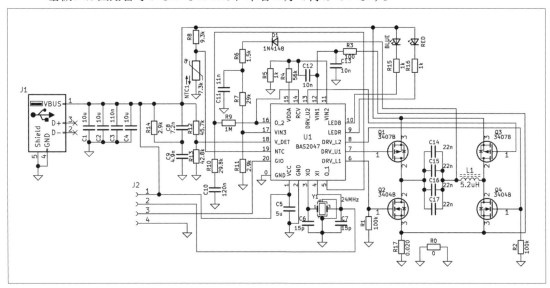

回路図

　コントローラIC(U1)の情報は検索では見つけることができなかったので、回路構成から各ピンの機能を推定しました。

　送電用コイルは4個のFET(Q1〜Q4)によって駆動され、コイルとFETの間にある4個のコンデンサ(C14〜C17)でコイルに直流成分がかからないようにしています。

　コントローラIC(U1)の電源は、USB-A端子のVBUS(5V)から直接供給されています。作った回路図から推定できるコントローラICの主な機能は、以下の通りです。

● 無線送電用コイルドライブ制御

　無線送電コイル(L1)に電流を流すための4個のFET(Q1〜Q4)のゲート電圧を制御します。各FETに対して1個ずつのポートが割り当てられています。

● 充電電流制御機能

　無線送電コイル(L1)に流れる電流を電流検出抵抗(R17)で電圧に変換して12番ピンに入力することで充電電流を制御します。

● VBUS電圧検出機能

　USB端子からのVBUS電圧を抵抗分割(R12/R13)して18番ピンに入力することでVBUS電圧を検出しています。

● 温度上昇保護機能

　VBUS電圧から抵抗(R8)とサーミスタ(NTC1)で分割された電圧値を19番ピンで検出して、温度異常上昇時の保護を行ないます。

● 送電面上の異物検出機能

　一般的なワイヤレス給電規格では、受電側の負荷変動を検出することで充電面上にあるものが充電対応機器なのかそれ以外の異物なのかを判断します。

　本製品の回路では、受電側の負荷変動をピークホールド回路(D1/R6/C11/R7/R11)で検出して17番ピンに入力、コントローラICの内蔵アンプで増幅して14番ピンに入力して検出しています。
　抵抗R9は1MΩという抵抗値から内蔵アンプのゲイン設定用だと思われます。

● LEDによる動作状態表示

　2個のLED制御出力が、それぞれが青色LED、赤色LEDに接続されていて、本体の動作状態をLEDの点滅の組み合わせで表示します。

■ 主要部品の仕様

次に、主要部品について調べていきます。

● コントローラIC(U1) BAS2047(詳細不明)

コントローラIC

表面のマーキングである「BAS2047」で検索をしたのですが、該当する部品が見つかりませんでした。

外部にクロック用の24MHzの水晶発振子が接続されていることから、プロセッサ(MCU)を内蔵して、各種検出機能を搭載したワイヤレス充電専用ICだと思われます。

● P-Channel MOSFET(Q1,Q3) 3407

P-Channel MOSFET

送電コイルの電源側のFETはP-Channel MOSFET「3407」です。同じ型番で複数の会社から販売されている汎用品です。

データシートは、「Alpha and Omega Semiconductor」(http://www.aosmd.com/)製のものが以下から入手できます。

http://www.aosmd.com/pdfs/datasheet/ao3407.pdf

主な定格は耐圧(Vds):-30V, ON抵抗:54m Ω (Typ.)です。

● N-Channel MOSFET(Q2,Q4) 3404

N-Channel MOSFET

　送電コイルのGND側のFETはN-Channel MOSFET「3404」です。
これも、同じ型番で複数の会社から販売されている汎用品です。

　データシートは「Alpha and Omega Semiconductor」(http://www.aosmd.com/)
製のものが以下から入手できます。

http://www.aosmd.com/pdfs/datasheet/AO3404.pdf

　主な定格は、耐圧(Vds):30V, ON抵抗:34mΩ(Typ.)です。

● スイッチングダイオード(D1) 1N4148

スイッチングダイオード

　送電コイルの負荷変動のピークホールド用の「T4」のマーキングの部品はスイッチン
グダイオード「1N4148」です。

　これも同じ型番で複数の会社から販売されている汎用品です。
　データシートは、「Diodes Incorporated」(https://www.diodes.com/)のものが以
下から入手できます。

https://akizukidenshi.com/download/ds/diodeinc/1n4148w.pdf

　主な定格は耐圧(VR):100V, 順方向電圧(VFM):1.0V(max, 電流50mA時)です。

■ 動作確認

　独自の充電規格で情報が少ないため、充電電流の実力測定をする環境が構築できませんでした。

　そこで、今回は無負荷時の消費電流と送電面上に異物を置いたときの電流について確認しました。

● 無負荷時電流

　無負荷(上に何も載せない状態)時のUSBのVBUS電流の実測値は48mA、電力は254mWと若干大きめです。

無負荷時電流

● 異物を置いたときの電流

　送電面上に異物として金属を置くと、VBUS電流は66mA、電力は345mWに増加しました。

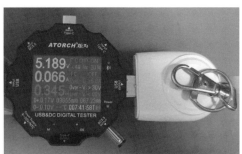

異物を置いたときの電流

＊

　独自のワイヤレス充電方ですが、コントローラICを除けば回路的にはQi充電器※と似た回路構成でした。

> ※工学社　「100円ショップ」のガジェットを分解してみる！Part2に掲載

　異物検出動作はある程度は働いているようですが、安全を考えると未使用時はUSBポートから外しておくべきでしょう。

付 録

100均ガジェットのBTオーディオIC一覧

100円ショップのガジェット分解では、これまでもたくさんのBluetoothオーディオ機器を分解してきました。
そんな分解を通じて分かったのは、ワンチップでほぼすべての機能をサポートする「専用の半導体IC(SoC:System on Chip)」の存在です。

ここでは、Bluetoothオーディオの用途ごとにわけて、使われているSoCを調べて簡単に考察してみます。

■ Bluetoothオーディオのコストダウンの流れ

　かつては数万円していたBluetooth対応オーディオ機器ですが、2018年頃から据え置き型のBluetoothスピーカーを100円ショップで見かけるようになりました。
　一部の「100円ショップ」で100円を超える価格の商品が増えて来たのもちょうどこの頃です。
　その後、リモート会議の普及にともないBluetoothヘッドセットも低価格化が進み、それまで数千円だったものが300〜500円程度で販売されるようになりました。

　2017年に登場した左右のイヤホンが分離した「完全ワイヤレスイヤホン」(TWS = True Wireless Stereo)も、2020年初頭には中国の海外向けECサイトであるAliexpressに約1000円の製品が登場し、ローエンドの低価格化が進みました。

　日本では2021年に3Coinsから1500円(税別)で、その後ダイソーからも1000円(税別)でTWSイヤホンが発売され、今ではコンビニエンスストアやドラッグストアでも見かける人気商品になっています。

　これらの数百円から2000円前後で購入できるものを筆者は「ローエンドBleutoothオーディオ」と呼んでいます。

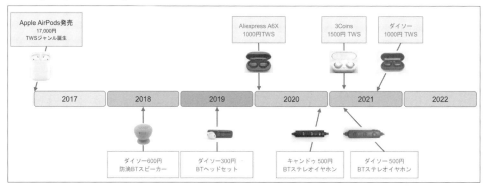

ローエンドBluetoothオーディオの流れ（筆者が作成）

■ ローエンドBluetoothオーディオ用SoC

　AppleのTWSイヤホンである「AirPods」のようなハイエンド製品では複数の専用ICを組み合わせて機能を実現しているものが多いのですが、ローエンド製品ではBluetoothの無線機能・電源管理機能といった機能が1個のICとしてまとめられたSoCを使っています。

　手軽に入手できるということもあり、筆者の手元にはいくつもの分解した「ローエンドBluetoothオーディオ」のガジェットがあります。

　そこで、それらを「据え置きスピーカー」「ヘッドセット」「TWSイヤホン」の3種類に分類して、それぞれで使われているSoCの機能を一覧表にして比較してみました。

● 据え置きスピーカー

　使われているSoCはすべて、「JL」のロゴが付いており、これは、中国珠海市に本社のある「珠海市杰理科技股份有限公司」(http://www.zh-jieli.com/)の製品です。

　SoCのパッケージは、すべてSOP-20(パッケージの上下2辺に電極があるタイプ)です。

　最初に発売された「防滴BTスピーカー」以外はSDカードとUSBメモリからの音楽再生もサポートした「AC6928B」を採用しています。

　「ステレオ対応BTスピーカー」では他と同じ「AC6928B」を使用して、ソフトウエアの変更のみで2台同時使用でのステレオ再生(これもTWSに含まれる)に対応しています。

　ちなみに、据え置きスピーカーは大きめな口径のスピーカーを駆動する必要があるために、SoCの外部にオーディオ用のパワーアンプを使用しています。

使用されているSoC一覧(据え置きスピーカー)

製品 (入手時期)	防滴BTスピーカー (ダイソー 2018/06)	ポータブルBTスピーカー (ダイソー 2020/02)	円筒形BTスピーカー (ダイソー 2021/06)	ステレオ対応BTスピーカー (ダイソー 2021/12)
Bluetooth(製品仕様)	V2.1+EDR	V5.0	V5.0	V5.0
SoC	Zh-JieLi AC6908A	ZH-JieLi AC6928B	Zh-JieLi AC6928B	Zh-JieLi AC6928B
Package	TSSOP-20	TSSOP-20	TSSOP-20	TSSOP-20
MCU	32bit RISC(max 160MHz)	32bit RISC(max 160MHz)	32bit RISC(max 160MHz)	32bit RISC(max 160MHz)
Bluetooth(SoC)	V4.2+BR+EDR+BLE	V5.0+BR+EDR+BLE	V5.0+BR+EDR+BLE	V5.0+BR+EDR+BLE
PMU	3.3V/3.1V/1.5V/1.2V	3.3V/3.1V/1.3V/1.2V	3.3V/3.1V/1.3V/1.2V	3.3V/3.1V/1.3V/1.2V
Peripheral	GPIO x 4 USB 2.0 OTG x 1 UART x 1 IIC x 1 SPI x 1 PWM x 0 IIS x 9 SD Host x 0	GPIO x 8 USB 2.0 OTG x 1 UART x 3 IIC x 1 SPI x 1 PWM x 3 IIS x 1 SD Host x 1 FMチューナー	GPIO x 8 USB 2.0 OTG x 1 UART x 3 IIC x 1 SPI x 1 PWM x 3 IIS x 1 SD Host x 1 FMチューナー	GPIO x 8 USB 2.0 OTG x 1 UART x 3 IIC x 1 SPI x 1 PWM x 3 IIS x 1 SD Host x 1 FMチューナー
その他	モノラル	モノラル	モノラル	TWS

● ヘッドセット

　こちらも、使われているSoCはすべて「JL」のロゴの「珠海市杰理科技股份有限公司」の製品です。

　モノラル対応製品(左の2製品)のSoCのパッケージはSOP-16、ステレオ対応製品(右の2製品)はQFN32(パッケージの4辺に電極があるタイプ)です。

　モノラル対応の「AC6939A」と「AC6939B」は、SoCの機能はほぼ同一ですがパッケージのピンアサインが一部異なっています。

　ステレオ対応の「AC6936D」と「AC6956A」は、製品機能はほぼ同一ですが、PMU(電源管理ユニット)の対応電圧に差があります。

　「AC6936D」はBluetooth用電源を内部のLDOで生成していますが、「AC6956A」は外部でスイッチング回路を構成して生成することで、消費電力を削減しています。

使用されているSoC一覧(ヘッドセット)

製品 (入手時期)	ワイヤレスヘッドセット (ダイソー 2019/10)	Bluetooth両耳イヤホン (ダイソー 2020/03)	ワイヤレスイヤホン (キャンドゥ 2020/11)	Bluetoothステレオイヤホン (ダイソー 2021/04)
Bluetooth(製品仕様)	V5.0	V5.0	V5.0	V5.1
SoC	Zh-JieLi AC6939A	Zh-JieLi AC6939B	Zh-JieLi AC6936D	Zh-JieLi AC6956A
Package	SOP-16	SOP-16	QFN32	QFN32
MCU	32bit RISC(max 160MHz)	32bit RISC(max 160MHz)	32bit RISC(max 160MHz)	32bit CPU + DSP(max 240MHz)
Bluetooth(SoC)	V5.0+BR+EDR+BLE	V5.0+BR+EDR+BLE	V5.0+BR+EDR+BLE	V5.1+BR+EDR+BLE
PMU	3.3V/3.1V/1.3V/1.2V	3.3V/3.1V/1.3V/1.2V	3.3V/3.1V/1.3V/1.2V	3.3V/2.7V/1.3V
Peripheral	GPIO x 4 USB 2.0 OTG x 1 UART x 3 IIC x 1 SPI x 0 PWM x 3 IIS x 0 SD Host x 0	GPIO x 4 USB 2.0 OTG x 1 UART x 3 IIC x 1 SPI x 0 PWM x 3 IIS x 0 SD Host x 0	GPIO x 14 USB 2.0 OTG x 1 UART x 3 IIC x 1 SPI x 0 PWM x 3 IIS x 0 SD Host x 0	GPIO x 14 USB 2.0 OTG x 1 UART x 3 IIC x 1 SPI x 2 PWM x 3 IIS x 0 SD Host x 0
その他	モノラル	モノラル	ステレオ	ステレオ

● TWSイヤホン

　TWSイヤホンについては、ダイソーで4種類が販売されています(2022年12月時点)ので、販売開始された順番に並べて比較しました。

　こちらも、使われているSoCは「JL」のロゴの「珠海市杰理科技股份有限公司」の製品が多いのですが、初代だけ「AB」のロゴの「深圳市中科蓝讯科技股份有限公司(https://www.bluetrum.com/)」の製品を採用しています。

　bluetrumは、昨今話題になっているCPUアーキテクチャである「RISC-V」を採用

した、Bluetoothオーディオ用SoCに特化した会社です。

　イヤホン部分の狭いスペースに対応するために、SoCのパッケージは4種類とも全てステレオヘッドセットよりも小型でピン数の少ないQFN20です。

　2代目と3代目は同じ「AD6983D」を採用していますが、2代目は高音質コーデックである「AAC」(Advanced Audio Coding)に対応しています。
　元々内蔵のDSPでは機能はサポートしていて、ソフトウエアの違いで製品の差別化を行なっています。

　「AD6983D」と「AC6963A」は、ヘッドセットのSoCと同様にPMUの対応電圧に差があり、「AD6983D」はBluetooth用電源を外部でスイッチング回路を構成して生成していますが、「AC6963A」は内部のLDOで生成しています。

使用されているSoC一覧 (TWSイヤホン)

製品 (入手時期)	TWSイヤホン(初代) (ダイソー 2021/07)	TWSイヤホン(2代目) (ダイソー 2021/10)	TWSイヤホン(3代目) (ダイソー 2022/06)	TWSイヤホン(4代目) (ダイソー 2022/07)
Bluetooth(製品仕様)	V5.0	V5.0+EDR / AAC対応	V5.0+EDR	V5.0
SoC	bluetrum AB5376T	Zh-JieLi AD6983D	Zh-JieLi AD6983D	Zh-JieLi AC6963A
Package	QFN20	QFN20	QFN20	QFN20
MCU	32bit RISC-V + DSP(52MHz)	32bit CPU + DSP(max 160MHz)	32bit CPU + DSP(max 160MHz)	32bit CPU + DSP(max 160MHz)
Bluetooth(SoC)	V5.0+BLE	V5.1+BR+EDR+BLE	V5.1+BR+EDR+BLE	V5.1+BR+EDR+BLE
PMU	VDDIO/VDDBT/VDDPA/VDDDAC	3.0V/1.25V	3.0V/1.25V	3.3V/1.3V/1.2
Peripheral	GPIO x 3 USB 2.0 OTG x 0 UART x ? IIC x ? SPI x ? PWM x ? IIS x ? SD Host x ? Flash なし	GPIO x 7 USB 2.0 OTG x 1 UART x 3 IIC x 1 SPI x 0 PWM x 0 IIS x 0 SD Host x 0	GPIO x 7 USB 2.0 OTG x 1 UART x 3 IIC x 1 SPI x 0 PWM x 0 IIS x 0 SD Host x 0	GPIO x 8 USB 2.0 OTG x 1 UART x 3 IIC x 1 SPI x 0 PWM x 0 IIS x 0 SD Host x 0
その他	TWS	TWS	TWS	TWS

＊

　外観は同じように見える製品でも、分解して調べてみると細かい仕様の違いでSoCを使い分けているのが分かりました。

　分解することで自分の目で確認し、実際にどのような動作をしているか解析しつつ設計の意図を推測してみることは、自分で電子機器を設計するときにも大いに参考になります。

索 引

[著者略歴]

ThousanDIY

山崎 雅夫 (やまざき・まさお)
電子回路設計エンジニア。
現在某半導体設計会社で、機能評価と製品解析を担当。
趣味は "100均巡り" と、Aliexpress でのガジェットあさり。

東京都出身、北海道札幌市在住 (関東へ単身赴任中)
2016年ごろから電子工作サイト「ThousanDIY」を運営中。
twitter アカウントは「@tomorrow56」

[主な活動]

Aliexpress USER GROUP JP (Facebook) 管理人
M5Stack User Group Japan のメンバー
月刊 I/O で「100円ショップのガジェット分解」を連載中

[主な著書]

「「100円ショップ」のガジェットを分解してみる! Part3」工学社、2022年
「「100円ショップ」のガジェットを分解してみる! Part2」工学社、2021年
「「100円ショップ」のガジェットを分解してみる!」工学社、2020年

[著者ホームページ]

1000円あったら電子工作「ThousanDIY」(Thousand+DIY)
https://thousandiy.wordpress.com/

質問に関して

本書の内容に関するご質問は、

① 返信用の切手を同封した手紙
② 往復はがき
③ FAX(03)5269-6031
　(ご自宅の FAX 番号を明記してください)
④ E-mail　editors@kohgakusha.co.jp

のいずれかで、工学社編集部あてにお願いします。
なお、電話によるお問い合わせはご遠慮ください。

サポートページは下記にあります。

[工学社サイト]
http://www.kohgakusha.co.jp/

I/OBOOKS
100円ショップガジェット解体新書「人感センサ LED」「ワイヤレスマウス」…いろいろ分解してみた!

2023年1月30日　第1版第1刷発行　© 2023
2023年6月10日　第1版第2刷発行

※定価はカバーに表示してあります。

著　者　ThousanDIY
発行人　星　正明
発行所　株式会社 工学社
〒160-0004 東京都新宿区四谷 4-28-20　2F
電話　　(03)5269-2041 (代) [営業]
　　　　(03)5269-6041 (代) [編集]
振替口座　00150-6-22510

[印刷] シナノ印刷 (株)

ISBN978-4-7775-2233-0